Gustav L. Mayr

Die Ameisen des baltischen Bernsteins

Gustav L. Mayr

Die Ameisen des baltischen Bernsteins

ISBN/EAN: 9783337177201

Hergestellt in Europa, USA, Kanada, Australien, Japan

Cover: Foto ©berggeist007 / pixelio.de

Weitere Bücher finden Sie auf **www.hansebooks.com**

Beiträge zur Naturkunde Preussens.

Herausgegeben

von der

Königlichen physikalisch - ökonomischen Gesellschaft

zu Königsberg.

I.

Die Ameisen des baltischen Bernsteins

von

Dr. Gustav L. Mayr,

Mitglied der physik.-ökonom. Gesellschaft.

(Mit 106 Figuren auf fünf Tafeln.)

Königsberg 1868.

In Commission bei W. Koch.

Beiträge zur Naturkunde Preussens

herausgegeben

von der

Königlichen physikalisch - ökonomischen Gesellschaft

zu Königsberg.

I.

Die Ameisen des baltischen Bernsteins

von

Dr. Gustav L. Mayr,
Mitglied der physik.-ökonom. Gesellschaft.

Königsberg 1868.
In Commission bei W. Koch.

Vorwort.

Die physikalisch-ökonomische Gesellschaft hat in ihren „Schriften" den Arbeiten, durch welche die Kenntniss von der Naturgeschichte unseres Landes erweitert wird, die erste Stelle eingeräumt. In neuerer Zeit sind viele Arbeiten erschienen, zu denen sie sich rühmt die Anregung gegeben zu haben. Auch die wissenschaftliche Verwerthung ihrer Sammlungen schreitet in erfreulicher Weise vor. Es hat sich dadurch die Menge des Materials in der letzten Zeit bedeutend vermehrt, auch stehen noch mehrere grössere Monographieen in Aussicht, so dass für alle diese in den Schriften der Gesellschaft kein ausreichender Raum vorhanden ist. Die Gesellschaft hat daher, um die Veröffentlichung nicht zu verzögern, den Ausweg gewählt, jene grösseren Monographieen in einzelnen Heften unter dem gemeinschaftlichen Titel: „*Beiträge zur Naturkunde Preussens*" erscheinen zu lassen.

Dieses erste Heft enthält „*die Ameisen des baltischen Bernsteins*" von Dr. Gustav L. Mayr in Wien, durch welche Arbeit wieder nach langen Jahren ein Schritt weiter gethan ist zur Vollendung jenes grossen mühevollen Werkes, dem der verstorbene Dr. Georg Carl Berendt in Danzig seine ganze Kraft widmete. Von seinem Werke: „Die im Bernstein befindlichen organischen Reste der Vorwelt" waren zwei Bände erschienen, welche die Vegetabilien, Crustaceen, Myriapoden, Arachniden, Apteren, Hemipteren, Orthopteren und Neuropteren des Bernsteins enthalten. Weiteres war vorbereitet, aber immer haben sich der Vollendung neue Schwierigkeiten in den Weg gestellt, wie sehr auch die Erbin der Berendt'schen Sammlung, Fräulein Louise Berendt, opferwillig bemüht war, das Werk des Vaters zu fördern. Zuletzt ist von der Fortführung des Berendt'schen Werkes in der alten Form Abstand genommen worden, und darf daher dieses erste Heft und hoffentlich auch bald später nachfolgende Hefte als eine Fortsetzung jenes Werkes angesehen werden, zumal da Fräulein Berendt und die übrigen Besitzer von Bernstein-Sammlungen durch bereitwilligste Hergabe ihres Materials dazu beigetragen haben, diesem schwierigen Werke durch umfassende Benutzung des Materials dieselbe Vollendung zu geben, wie sie in dem Berendt'schen Werke angestrebt war. Dass der Bearbeitung der einzelnen Insekten-Ordnungen sich die erfahrensten Männer der Wissenschaft unterzogen haben, reiht die nachfolgenden Hefte dem früheren Werke würdig an.

Königsberg in Preussen. August 1868.

Der Sekretair der Gesellschaft.

Vorwort.

Seit Jahren vielfach aufgefordert, die Bernsteinameisen zu bearbeiten, habe ich mich zu Ende des Jahres 1866 in Danzig und Königsberg bei meinen geehrten Correspondenten den Herren Brischke, Menge und Dr. Hagen um das etwa vorhandene Material erkundigt und kurze Zeit darauf über tausend Stücke von den verschiedenen Besitzern auf die liberalste Weise in Händen gehabt. Eine oberflächliche Durchmusterung derselben zeigte mir gar bald, dass Sendelius recht hat, wenn er sagt: „Difficilis enim res est, insecta, ut in natura vivunt, cognoscere velle; difficilior vero multo, ubi in succino latent". Die Determination der jetzt lebenden Arten macht demjenigen, welcher die Ameisen als specielles Studium erwählt hatte, nicht geringe Mühe und erfordert oft sehr sorgfältige Untersuchungen, in um so höherem Masse ist diess bei fossilen Thieren der Fall, wenn sie auch in dem besten Conservationsmittel, nämlich im Bernsteine, eingeschlossen sind. Viel Mühe und Zeit waren nöthig, bis ich die sicheren Unterschiede von Bernstein und Kopal, von welchem letzteren ich besonders viele Stücke mit Ameisen-Inclusen von den Herren Dr. Sichel und Dr. Schaufuss erhielt, ermittelt hatte, bis ich die kleinen Vortheile kennen gelernt hatte, die nöthig sind, um die Thiere gut und richtig zu sehen, um die Täuschungen, welche häufig auftreten, als solche zu erkennen, bis ich endlich das späterhin noch vergrösserte Material mehrmals durchgearbeitet und eine Uebersicht der im Bernstein vertretenen Genera erhalten hatte.

Nun erst im Anfange des Winters 1867/8 konnte ich damit beginnen, die früher nur beiläufig gesonderten Arten genau zu trennen und die Diagnosen derselben aufzustellen. Das war aber auch der Zeitpunkt, wo ich mich entscheiden musste, wie die nachfolgende Abhandlung abgefasst sein sollte, ob ich nemlich die bereits für recente Ameisen vorhandene reichhaltige Literatur als bekannt voraussetzen, und, auf diese fussend, die Ameisenfauna des Ostseebernsteins bearbeiten solle, oder ob ich meine Arbeit als ein abgeschlossenes Ganzes, ohne wesentliche Beziehung auf die vorhandene Literatur, auch Jenen zugänglich machen solle, welche sich nicht schon Jahre lang dem Studium der Formiciden gewidmet hatten. Ich neigte mich damals zur ersteren Ansicht, da ich wohl wusste, wie schwierig es für Anfänger ist, nur die häufigeren europäischen Arten zu bestimmen, doch konnten weder hiesige Geologen noch insbesondere Dr. Hensche in Königsberg diese meine Ansicht theilen, da ja gewöhnlich, vom praktischen Standpunkte genommen, die Besitzer und Custoden von Bernsteinsammlungen keine Myrmecologen, und diese wieder keine Bernsteinsammlungen haben und derjenige, welcher solche Sammlungen besitzt, doch in die Lage versetzt sein möchte, seine Inclusa mit Hülfe von Specialwerken bestimmen zu können, ohne bemüssigt zu sein, erst Jahre lang die recenten Thiere zu studiren. So habe ich es nun in der nachfolgenden Arbeit versucht, dieselbe als ein für sich abgeschlossenes Ganzes vorzulegen, indem ich eine Terminologie vorangestellt, die Abbildungen in grösserer Anzahl angefertigt und die Genera so genau als möglich, theils im Ganzen, theils von einzelnen Organen ausgehend, charakterisirt habe. Ob ich diese meine Aufgabe in der Weise durchgeführt habe, dass sie den mir vorgesetzten Zweck erreicht, möge seiner Zeit eine die grossen Schwierigkeiten in Betracht ziehende Kritik beurtheilen.

Ich hatte alle Hebel in Bewegung gesetzt, um auch die Ameisen des sicilianischen Bernsteins in diese Arbeit einbeziehen zu können, was in wissenschaftlicher Beziehung von grossem Interesse gewesen wäre, doch waren sowol meine Bemühungen, sowie jene meines verehrten Freundes, des Herrn A. Senoner, welcher unermüdlich meinem Wunsche nachzukommen sich bestrebte, vollkommen fruchtlos, so dass ich endlich darauf verzichten musste, eine Vergleichung der Ameisenfauna des Bernsteins der Ostsee und Siciliens zu geben*).

Ich entledige mich einer angenehmen Pflicht, indem ich dem Fräulein Louise Berendt in Danzig, so wie den Herren Dr. Hensche, v. Duisburg, Künow, Justizrath Meier, Dr. Schiefferdecker und Sommerfeldt, sämmtlich in oder bei Königsberg, ferner den Herren Brischke, Menge und Klinsmann's Erben in Danzig, Herrn Prof. Flor in Dorpat, Prof. Beyrich in Berlin, Dr. Taschenberg in Halle, Prof. C. Naumann in Leipzig, Prof. Geinitz in Dresden, Prof. Goeppert in Breslau, Direktor Hörnes in Wien und Dr. Sichel in Paris, theils für ihre Zusendungen, theils für schriftliche Mittheilungen und Aufklärungen verbindlichst danke, indem ich nur mit deren Beihülfe in Stand gesetzt wurde, nachfolgende Arbeit auszuführen.

In Bezug der Numerirung der Sammlung der physikalisch-ökonomischen Gesellschaft in Königsberg sei erwähnt, dass ich bei der nachfolgenden Anführung der Nummern im speciellen Theile die auf jedem Etiquette voranstehenden Zahlen IV. 7. (welche IV. Ordnung, Hymenoptera, 7. Familie Formicariae nach Gerstäcker's Handbuch der Zoologie bedeuten) der Kürze wegen ausgelassen und nur die laufende Nummer des Special-Catalogs citirt habe.

Ich habe es vorgezogen, die Tafeln selbst auf Stein zu graviren, statt sie einer Künstlerhand zu überlassen, da ich von der Ansicht ausgehe, dass vom Autor angefertigte Abbildungen, wenn sie auch, wie die beifolgenden, in künstlerischer Beziehung sehr viele Mängel aufweisen, für den Fachmann doch von grösserem Werte seien.

Wien, den 21. März 1868.

Dr. Gustav L. Mayr.

---

*) Nur Herr Issel in Genua zeigte den guten Willen, indem er mir ein Stück unter der Bezeichnung „sicilianischer Bernstein" zur Ansicht sandte, doch erwies sich dasselbe als Kopal mit einer in demselben eingeschlossenen Biene.

Die
Ameisen des baltischen Bernsteins

von

Dr. Gustav L. Mayr.

(Mit 106 Figuren auf fünf Tafeln.)

I.
Allgemeiner Theil.

Charakteristik der Familie: Ameisen.

Die Ameisen sind Hymenoptera, Hautflügler, welche sich von den anderen Familien der Ordnung Hautflügler durch folgende Merkmale unterscheiden:

Die *Fühler* sind 5—13 gliedrig (bei den Bernstein-Ameisen 8—13 gliedrig), gebrochen, indem das gewöhnlich lange erste Glied (Schaft) mit dem zweiten einen Winkel bildet.

Die *Unterkiefer* und die *Unterlippe* sind kurz.

Vom vordern Theile des Hinterleibes sind 1—2 Segmente als *Stielchen* abgetrennt, dieselben tragen eine Schuppe oder sind knotenförmig. (Bei dem Arbeiter der recenten Oecophylla smaragdina F. ist das eingliedrige Stielchen nur stielförmig).

Der *Hinterleib* hat niemals einen Legebohrer.

Die bei den Weibchen und Männchen vorkommenden *Flügel* sind nicht gefaltet. Die Vorderflügel haben 1—2 geschlossene Cubitalzellen, keine oder eine geschlossene Discoidalzelle und meistens ein Flügelmal (welches bei den Bernsteinameisen stets vorkommt).

Die *Beine* haben nur *einen* Schenkelring zwischen der Hüfte und dem Schenkel, und fünfgliedrige Tarsen.

Jede Art besteht aus dreierlei Individuen, den Arbeitern (☿), Weibchen (♀) und Männchen (♂), die Gattung Pheidole (welche im Bernsteine nicht vertreten zu sein scheint), hat aber viererlei scharf getrennte Formen, indem, ausser den drei Genannten, noch sogenannte Soldaten vorkommen. Die Arbeiter und Soldaten sind flügellos, die Weibchen und Männchen geflügelt, doch fallen den Weibchen später die Flügel ab.

Terminologischer Abriss für die Bernstein-Ameisen.

Der Körper besteht aus dem Kopfe mit den Fühlern und Mundtheilen, aus dem Thorax mit den Beinen und (bei Weibchen und Männchen) mit den Flügeln, aus dem Stielchen und dem Hinterleibe.

Der *Kopf* ist der für die Diagnostik der Genera wichtigste Theil. Er besteht aus dem eigentlichen Kopfe und den Anhangsorganen, d. i. den Oberkiefern Fig. 1, 2 a, Unterkiefern, der Ober- und Unterlippe und den Fühlern, Fig. 3 $e f$. Am eigentlichen Kopfe sind an der Oberseite folgende Theile zu unterscheiden: der durch Furchen abgegrenzte vorderste Theil, der Clypeus Fig. 1—3 c, hinter diesem die Stirnleisten d, zwischen diesen das oft abgegrenzte Stirnfeld i mit der nach hinten fortgesetzten Stirnrinne k, welche die Mitte der Stirn durchfurcht, hinter der Stirn als hinterster Theil des Kopfes der Scheitel l mit den 3 Ocellen n, an den Seiten des Kopfes die Netzaugen m, dann die Schildgruben g an den Seiten des Clypeus, die Fühlergruben h ausserhalb der Stirnleisten, und die Wangen zwischen den Oberkiefergelenken und den Netzaugen. Die Unterseite des Kopfes ist von keinem diagnostischen Werte.

Die *Oberkiefer* (Mandibulae) Fig. 1—3 a und 4 sind an den Vorderecken des Kopfes eingelenkt und fassen die von der Unterseite des Kopfes sichtbaren Unterkiefer und die Unterlippe zwischen sich; sie sind plattgedrückt, dabei mehr oder weniger in der Fläche gekrümmt, stets länger als breit und an der Basis gewöhnlich schmäler als am Ende; ihre Form ist wol meistens ein längliches Viereck, doch zeigen sie sich in der Lage, wie sie gewöhnlich sind, nämlich aneinandergelegt, dreieckig, da der innere Theil des Gelenkskopfes vom Clypeus bedeckt wird. Die Mandibeln haben einen Vorder- (Aussen-) Rand Fig. 4 a, einen Hinter- (Innen-) Rand Fig. 4 b und einen Kaurand Fig. 4 c, welcher letztere manchmal nicht gut entwickelt ist. Der Vorderrand ist bogig gekrümmt und gewöhnlich der längste, der Hinterrand ist kürzer und mehr oder weniger ausgebuchtet, der am Ende des Oberkiefers liegende, den Vorder- und Hinterrand verbindende Kaurand ist der wichtigste und ist in seltenen Fällen nur schneidig (wie bei den Männchen von Formica), in den meisten Fällen aber gezähnt; die Grösse dieser Zähne ist sehr verschieden, doch sind die vordersten Zähne stets grösser als die hinteren; manchmal zieht sich die Zahnreihe noch ein Stück am Hinterrande fort.

Von den *Unterkiefern* kommen nur die Taster (palpi maxillares) Fig. 5 in Betracht, deren Gliederzahl sehr wechselt, aber bei Bernsteinameisen nicht viel in Rücksicht gebracht werden kann, da es selten vorkommt, dass man die ganzen Taster sehen kann. Die Taster der *Unterlippe* sind meist kürzer als die Kiefertaster und noch seltener vollständig zu sehen. Die *Oberlippe* Fig. 2 b ist bei den Bernsteinstücken sehr selten zu sehen.

Der *Clypeus* (das Kopfschild) Fig. 1—3 c ist der vorderste Theil der festen Kopfschale an der obern Seite, er bildet den ganzen oberen Vorderrand des Kopfes und nimmt daher vorne die ganze Breite des vordersten Theiles des Kopfes ein, er ist ringsum, und zwar gegen die Wangen, die Fühlergrube und gegen die Stirn durch eine Furche abgegrenzt, er ist trapezförmig und zwar vorne breit und hinten schmal mit querem hinteren Rande Fig. 1 c (z. B. bei Camponotus, Formica), dreieckig mit stark abgerundeter Hinterecke Fig. 3 c (bei Hypoclinea und vielen Myrmiciden), er ist nur schwach gewölbt oder besonders quer stark dachförmig gewölbt und kann dann einen Längskiel haben (bei Formica); vorne ist er quer abgeschnitten, wenn er in der Mitte nur so weit nach vorne reicht als an den Seiten, oder er ist vorgezogen, wenn er in der Mitte weiter nach vorne reicht als an den Seiten (besonders bei Oecophylla Fig. 12, Gesomyrmex Fig. 38) und bedeckt dann öfters einen Theil der Mandibeln; der Vorderrand ist ganz gerade beim quer abgeschnittenen Clypeus, während derselbe beim vorgezogenen Clypeus entweder einfach bogig (bei Oecophylla, Gesomyrmex) oder jederseits stark gebuchtet und in der Mitte quer ist (beim grössern Arbeiter von Camponotus constrictus), in welchem letzteren Falle der Clypeus nur mit seinem mittleren Theile vorgezogen ist. Die beiden vorderen seitlichen schmalen Enden des Clypeus krümmen sich, zwischen den Wangen und den Oberkiefern eingeschoben, um den Gelenkskopf der Mandibeln und bilden so einen Theil der Gelenkspfannen derselben.

Die *Stirnleisten* (laminae frontales) Fig. 1—3 d, an deren Aussenseite die Fühler entspringen, sind leistenartig aufgebogene Streifen mit einem freien Aussenrande, sie beginnen entweder an den Hinterecken oder an den Seitenrändern des Clypeus, ziehen nach hinten und enden entweder schon nach sehr kurzem Verlaufe (wie bei Rhopalomyrmex Fig. 22, Gesomyrmex Fig. 38, wo sie überhaupt sehr unscheinbar sind) oder haben eine mittlere Länge, oder können, den ganzen Kopf durchziehend, fast an den Hinterecken des Kopfes enden (Myrmica Duisburgi Fig. 88). Sie sind gerade, bogig oder S förmig gekrümmt (bei Camponotus Fig. 1 d), vorne öfters verdickt und verbreitert (bei einigen Myrmiciden), sie sind einander parallel oder divergiren nach hinten, sie liegen nahe beisammen (bei Ponera) oder sind von einander entfernt (besonders beim Arbeiter von Gesomyrmex Fig. 38); manchmal treten sie nur als halbkreisförmige Leisten auf, welche den Gelenkskopf der Fühler umgeben (bei Rhopalomyrmex und bei den Männchen von Ponera).

Die *Schild-* und *Fühlergruben* (fossa clypealis und fossa antennalis) sind grössere oder kleinere Gruben zwischen Clypeus, Stirnleisten, Netzaugen und Wangen. Die Schildgruben Fig. 1 und 2 g werden eigentlich von den Seiten des Clypeus und den Wangen gemeinschaftlich gebildet. Die Fühlergruben Fig. 1, 2 h liegen weiter hinten und gewöhnlich mehr nach einwärts, an der Innenseite sind sie stets von den Stirnleisten begrenzt; die Fühlergrube kann sich auch als Fühlerfurche, von der verlängerten Stirnleiste innen begrenzt, fast bis zu den Hinterecken des Kopfes ziehen (bei Myrmica Duisburgi, Enneamerus Fig. 88); die Schildgrube ist von der Fühlergrube ganz getrennt (Camponotus Fig. 1, Oecophylla, Prenolepis), oder beide sind nicht getrennt und bilden mitsammen eine längliche Grube (bei Lasius Fig. 2, Formica etc.), oder endlich, wenn die Fühler weit nach vorne gerückt sind, liegt die Fühlergrube an der Stelle der Schildgrube, so dass letztere fehlt Fig. 3 (besonders bei den Myrmiciden). Die zwei ersteren Fälle sind besonders wichtig zur Unterscheidung der Gattungen Prenolepis und Lasius; sie sind bei den recenten Ameisen leicht zu unterscheiden, bei den in Bernstein liegenden ist es aber oft schwierig, zu bestimmen, ob die Schildgrube in die Fühlergrube übergehe oder nicht.

Die Wangen (genae) sind der vordere Theil der Kopfseiten, welcher zwischen dem Mandibelgelenke und dem Auge liegt; nach einwärts gehen sie in die Schildgruben oder beziehungsweise in die Fühlergruben über.

Die *Fühler* (antennae) sind in der Fühlergrube am Aussenrande und gewöhnlich zunächst dem vorderen Ende der Stirnleisten in den Kopf eingelenkt; sie fassen an ihrem Ursprunge entweder den hinteren Theil des Clypeus zwischen sich (bei Hypoclinea, Gesomyrmex, bei den Weibchen der Poneriden und bei den Myrmiciden, ausser Sima und dem Männchen von Leptothorax), oder sitzen unmittelbar oder fast unmittelbar hinter den Hinterecken oder dem Hinterrande des Clypeus (bei Formica, Prenolepis etc.) oder sie liegen hinter dem Clypeus von demselben entfernt (Camponotus Fig. 1, Oecophylla Fig. 12 und den Männchen von Ponera). Sie bestehen aus 8—13 Gliedern, und zwar sind sie bei den Arbeitern und Weibchen von Gesomyrmex 8-, von Enneamerus 9-, von Rhopalomyrmex und Stigmomyrmex 10-, von Plagiolepis, Pheidologeton und Lampromyrmex 11-, bei den übrigen 12gliedrig, bei den Männchen (die mir bisher im Bernstein bekannt wurden) sind sie 13 gliedrig, nur das von Gesomyrmex hat 11, das von Plagiolepis 12 Fühlerglieder. Die Fühler sind stets gebrochen, d. h. das erste gewöhnlich auffallend lange Glied bildet mit dem zweiten Gliede einen Winkel und heisst *Schaft* (scapus) Fig. 1, 3 e, wärend die übrigen Glieder zusammen die *Geissel* (funiculus) Fig. 3 f bilden. Der Schaft ist mit einem kugeligen Gelenkskopfe in die halbkugelig ausgehöhlte Gelenkspfanne des Kopfes eingelenkt und unmittelbar nach dem Gelenkskopfe meistens mit einem kurzen Halse versehen; der Schaft ist bei den Arbeitern und Weibchen stets lang, und überragt oft, zurückgelegt, den Hinterrand des Kopfes; bei den Männchen ist der Schaft manchmal sehr kurz, aber doch immer länger als dick. Die Geissel ist fadenförmig (wie bei vielen Männchen), oder gegen das Ende mehr oder weniger keulig verdickt, oft sind (besonders bei den Arbeitern von Monomorium Fig. 94, Leptothorax Fig. 90) mehrere der letzteren Glieder verdickt, und bilden eine deutliche Keule, welche sich von den andern Gliedern gut absetzt. Die Geissel ist immer länger als der Schaft.

Die *Stirn* (frons) Fig. 2, 3 *j* liegt unmittelbar hinter dem mittleren Theile des Clypeus, sie ist bei langen Stirnleisten von diesen seitlich begrenzt und geht hinten ohne Grenze in den Scheitel über, sind aber die Stirnleisten kurz, so sind wol die Netzaugen als theilweise seitliche Begrenzung anzunehmen. Der vorderste Theil der Stirn, unmittelbar hinter dem Clypeus zeigt meistens eine dreieckige mehr oder weniger scharf begrenzte, eingesenkte Fläche, *Stirnfeld* (area frontalis) Fig. 1, 2 *i* genannt, von deren hinterer abgerundeten oder spitzigen Ecke oft eine gerade verlaufende, schmale Furche, die *Stirnrinne* (sulcus frontalis) Fig. 1 *k* entspringt, welche die Mitte der Stirn durchziehend, diese ganz oder theilweise, je nach ihrer Länge in zwei gleiche Hälften theilt.

Der *Scheitel* (vertex) Fig. 1, 3 *l* ist der hinterste Theil der Oberseite des Kopfes. Er trägt bei den Weibchen und Männchen immer, bei den Arbeitern oft drei im Dreieck gestellte *Punktaugen* (ocelli) Fig. 2 *n*, welche bei manchen Arbeitern (Lasius, Gesomyrmex) sehr klein, bei manchen Männchen (z. B. Gesomyrmex) gross sind. Der Scheitel ist hinten gewöhnlich so gewölbt, dass das Hinterhauptloch an der Unterseite des Kopfes liegt.

Die *Netzaugen* (oculi) Fig. 1—3 *m*, welche bei den mir bekannten Bernsteinameisen niemals fehlen, liegen an den Seiten oder mehr an der Oberseite des Kopfes, sie liegen entweder so, dass sie gleichweit von den Hinterecken des Kopfes und den Oberkiefergelenken entfernt sind, oder sie nähern sich mehr den ersteren oder den letzteren. Sie sind schwach oder stark gewölbt, haben gewöhnlich eine ovale Form oder sind in seltenen Fällen nierenförmig (bei dem Männchen von Gesomyrmex) sie sind klein oder mittelgross, kommen aber auch so gross vor, dass sie die ganzen Kopfseiten einnehmen, und nur eine sehr kleine Fläche für die Wangen freilassen (bei dem Männchen von Gesomyrmex).

Der *Thorax* der Arbeiter besteht aus drei Rücken- und aus drei Bruststücken; die letzteren sind von keinem diagnostischen Werte, um so wichtiger sind die ersteren. Das vorderste Rückenstück ist das *Pronotum* Fig. 11 *a*, das mittlere das *Mesonotum* Fig. 11 *b* und das hintere das *Metanotum* Fig. 11 *c*. Diese Stücke sind durch Nähte verbunden und nur in seltenen Fällen sind diese Nähte theilweise nicht zu sehen, wie diess bei Lampromyrmex Fig. 97 und Stigmomyrmex vorkommt, wo die Pro-Mesonotalnaht ganz fehlt, so dass das Pronotum mit dem Mesonotum ohne sichtbare Grenze mitsammen verwachsen sind. Der Rücken des Thorax kann von vorne nach hinten bogig gekrümmt sein, wo er ausser den Nahtfurchen keine Einschnürung zeigt (wie bei Camponotus Mengei Fig. 8, Hypoclinea Göpperti Fig. 43), oder er hat auch keine Einschnürung, ist ganz gerade und nur vorne herabgekrümmt und hinten schief gestutzt (bei Camponotus igneus Fig. 9) oder er ist hinter seiner Mitte an der Meso-Metanotalnaht mehr oder weniger eingeschnürt. Das Pronotum ist stets gewölbt und hat einen bogig ausgebuchteten Hinterrand, so dass die Seitenecken des Pronotum weiter nach rückwärts reichen, wie der Hinterrand. Das Mesonotum ist gewöhnlich kürzer als das Pronotum und meistens nur von einer Seite zur anderen gewölbt; es trägt nahe seinem Hinterrande zwei Athemlöcher (spiracula), welche bei eingeschnürtem Thorax nahe an einander und zwar in der Einschnürung liegen, bei nicht eingeschnürtem Thorax gewöhnlich an die Seiten des Thorax gerückt sind. Von grösserer Wichtigkeit ist das Metanotum, da es sich in verschiedenen Formen darstellt. Man unterscheidet an demselben den oben gelegenen *Basaltheil*, den hinteren meistens schiefen, selten senkrechten, *abschüssigen Theil* und die Seitentheile. Der Basaltheil stösst vorne an das Mesonotum, wärend der abschüssige Theil das hintere Ende des Thorax bildet und dem Stielchen zunächst liegt. Das Metanotum ist einfach gewölbt ohne deutliche Abgrenzung des Basaltheils und des abschüssigen Theils Fig. 43, oder höckerförmig, wo der Basaltheil bogig in den abschüssigen Theil übergeht Fig. 27, oder seitlich zusammengedrückt und von vorne nach hinten bogig (bei Camponotus Mengei Fig. 8), oder der horizontale, in diesem Falle gewöhnlich abgeflachte, Basaltheil ist von dem manchmal ausgeböhlten abschüssigen Theile durch eine mehr oder weniger scharfe Querkante getrennt Fig. 53, 54, 56, 61, wo dann die Seiten des Metanotum compress sind. Bei vielen Myrmiciden und auch bei Hypoclinea cornuta Fig. 52 hat das Metanotum zwei Dornen oder Zähne, welche vom hinteren Ende des Basaltheiles entspringen und mehr oder weniger den abschüssigen Theil zwischen sich fassen; bei Macromischa rudis Fig. 85 und Myrmica Duisburgi Fig. 87 kommen noch am hintersten Ende der Seitentheile des Metanotum zwei Zähne oder Dornen vor, welche den Gelenkskopf des Stielchens zwischen sich fassen, wodurch dieses mit dem Thorax in Verbindung ist. An den Seiten des Metanotum, meist nahe dem Rande des abschüssigen Theiles liegen die Athemlöcher.

Der Thorax der *Weibchen* und *Männchen* ist complicirter gebaut, grösser und viel dicker wie beim Arbeiter. Das *Pronotum* Fig. 36, 37 *p* besteht nur aus einem Stücke, es nimmt an der Bedeckung des Thorax einen geringeren Antheil als beim Arbeiter, indem es gewöhnlich senkrecht oder etwas schief gestellt nur das vordere Ende und einen Theil der Seiten des Thorax abschliesst, ohne den Thorax auch von oben zu bedecken, seltner ist es von vorne nach hinten schief aufsteigend und bedeckt auf diese Weise den vordersten Theil des Thoraxrückens; der Vorderrand liegt stets unten, der Hinterrand, welcher sich mit dem Mesonotum verbindet, oben; die Seitenränder, welche mehr oder weniger senkrecht gestellt sind, sind den Gelenken der Vorderflügel nahe. Das *Mesonotum* Fig. 36, 37 *ms* ist gross und mehr oder weniger abgeflacht; seitlich ist es von den Gelenken der Vorderflügel, vorne vom Pronotum begrenzt, welches manchmal vom Mesonotum so überwölbt wird, dass das letztere, von der Seite gesehen, wie ein vortretender Wulst erscheint. Bei manchen Männchen finden sich am Mesonotum 2 gerade Linien, welche von den Seiten des Vorderrandes entspringen, zur Mitte oder etwas hinter die Mitte des Mesonotum ziehen, sich daselbst vereinigen, von wo dann nur *eine* Linie gerade nach hinten verläuft. Unmittelbar hinter dem Mesonotum und hinter den Gelenken der Vorderflügel liegen die *Seitenlappen*, welche entweder getrennte dreieckige Keilstücke sind, oder in der Mitte mitsammen in Verbindung stehen. Hinter den Seitenlappen liegt das *Schildchen* (scutellum) Fig. 36 *s*, welches gewöhnlich eine dreieckige Form hat, in der Mitte flach oder gewölbt und an den hinteren Rändern abwärts gebogen ist. An den hinteren Theil des Scutellum schliesst sich das wulstförmige Hinterschildchen (postscutellum) Fig. 36 *ps*, an dessen vorderen schief nach vorne gekrümmten Enden die Gelenke der Hinterflügel liegen, welche also das Scutellum zwischen sich liegen haben. Hinter dem Postscutellum liegt der hinterste Theil des Thoraxrückens, nemlich das *Metanotum* Fig. 36, 37 *mt*, welches wol ähnlich, wie beim Arbeiter geformt ist, dessen Basaltheil aber gewöhnlich kürzer (ausser beim Männchen von Aphaenogaster Fig. 78) ist als der abschüssige Theil. Wärend das Metanotum bei den Weibchen doch mehr oder weniger die Form wie beim Arbeiter hat, so weicht es bei den Männchen dadurch ab, dass es einfachere mehr gerundete Formen hat, wie z. B. bei Hypoclinea, wo die scharfe Kante zwischen dem Basal- und abschüssigen Theile, wie sie beim Arbeiter und Weibchen vorhanden ist, vollkommen beim Männchen fehlt.

Das *Stielchen* (petiolus) besteht entweder aus einem Segmente (Formicidae, Poneridae) oder aus zwei Segmenten (Myrmicidae), welche wol eigentlich zum Hinterleibe gehören, aber zweckmässiger als besonderer Theil beschrieben werden, da sie vom Hinterleibe ganz abgetrennt sind und nur mit einem kleinen Gelenke die Verbindung mit dem Hinterleibe hergestellt ist. Wenn das Stielchen eingliedrig ist, so trägt es in den meisten Fällen an der oberen Seite eine quer gestellte, meistens ovale, dünne oder dicke Platte, die *Schuppe* (squama), welche aufrecht oder mehr oder weniger nach vorne geneigt ist; statt der Schuppe findet sich öfters ein mehr rundlicher dicker Knoten; bei Oecophylla Brischkei (Fig. 12, 13) ist das Stielchen etwas flachgedrückt, oben nur höckerartig erhöht und die Hinterecken des Stielchens treten etwas zahnartig vor. Beim zweigliedrigen Stielchen ist das erste Glied vorne oft mehr oder weniger stielförmig und trägt oben in der Mitte oder hinten einen Knoten, es kann aber auch das ganze vordere Segment nur kurz- und dick-cylindrisch sein (wie bei Stigmomyrmex robustus Fig. 99); das hintere Glied ist kugelig, glockenförmig oder quer oval geformt.

Der *Hinterleib* (abdomen) besteht bei den Arbeitern und Weibchen der Formiciden und Poneriden aus fünf Segmenten, bei denen der Myrmiciden aus vier Segmenten, die Männchen haben stets um ein Segment mehr als die Arbeiter oder Weibchen. Der Hinterleib ist rundlich, eiförmig, länglich oder birnförmig, er ist bei den Weibchen meistens viel grösser als bei den Arbeitern. Bei den Poneriden ist der Hinterleib zwischen dem ersten und zweiten Segmente mehr oder weniger eingeschnürt. Das Rückenstück des letzten Hinterleibssegmentes heisst *Pygidium* Fig. 37 *p*, das Bauchstück: *Hypopygium* Fig. 37 *h*. Das erstere ist bei den Männchen der Poneriden schmal dreieckig und endet hinten in einen etwas gekrümmten Dorn Fig. 68 *p*. Bei den Arbeitern und Weibchen der Subfamilie Formicidae kommen zwei von einander scharf getrennte Bildungen des Hinterleibsendes vor. Bei den Gattungen Camponotus, Oecophylla, Prenolepis, Plagiolepis, Rhopalomyrmex, Lasius, Formica und Gesomyrmex zeigt der Hinterleib, von oben gesehen, fünf Segmente und an der Hinterleibsspitze ist der kleine kreisrunde, öfters etwas röhrenförmige After, welcher entweder ringsum mit trichterartig gestellten Haaren gewimpert ist, oder nur einige Haare am Rande trägt. Bei der Gattung Hypoclinea hingegen zeigt der Hinterleib Fig. 6, 7 von oben nur vier Segmente und ist am Hinterrande des vierten Segmentes gerundet-abgestutzt oder einfach gerundet; das fünfte Segment liegt an der Unterseite des Hinterleibes vor dem Hinterrande des vierten Segmentes so umgeklappt, dass jener Rand der Rückenschiene des fünften Segmentes, welcher mit dem Hinterrande des vierten Segmentes verbunden ist, der Hinterrand ist, wärend der andere Rand, welcher der Hinterrand des fünften Segmentes sein sollte, der Vorderrand ist, den After von hinten begrenzt und der Hinterrand der Bauchschiene des fünften Segmentes den After von vorne abschliesst; der After ist nicht, wie im vorigen Falle, kreisrund, klein und gewimpert, sondern quer spaltförmig, viel grösser und nicht gewimpert. Bei der Subfamilie der Formicidae tritt aus dem After kein Stachel hervor, wärend diess bei den Arbeitern und Weibchen der Poneriden und Myrmiciden der Fall ist. Die Männchen zeichnen sich ausserdem, dass sie um ein Hinterleibssegment mehr haben, noch durch die Gegenwart der *Genitalklappen* am Hinterleibsende aus; obschon drei Paare solcher Klappen vorhanden sind, so haben bei den Bernsteinameisen nur die äusseren Klappen einigen diagnostischen Wert. Sie sind plattgedrückt und haben gewöhnlich eine dreieckige Form, Fig. 37 *v*.

Die sechs *Beine* sind in die Unterseite des Thorax eingelenkt, und zwar so, dass die Vorderbeine in die Vorderbrust, die Mittelbeine in die Mittelbrust und die Hinterbeine in die Hinterbrust eingefügt sind. Jedes Bein besteht aus der Hüfte, dem Schenkelringe, dem Schenkel, der Schiene und aus der Tarse. Die mehr oder weniger eiförmige *Hüfte* (coxa) Fig. 11 *d* ist mit ihrem dickeren Theile als Gelenkskopf in die betreffende Hüftpfanne des Thorax eingelenkt; die Vorderhüften sind stets grösser als die 4 hinteren Hüften. Der *Schenkelring* Fig. 11 *e* ist ein kleines fast dreieckiges Einsatzstück zwischen Hüfte und Schenkel

Der *Schenkel* (femur) Fig. 11 *f* ist ziemlich gleich dick, oder in seiner Mitte oder vor derselben mehr oder weniger verdickt. Die *Schiene* (tibia) Fig. 11 *g* ist gewöhnlich an ihrem oberen Ende dünner als unten, wo sie gestutzt ist und am inneren Rande einen besonders an den Vorderschienen deutlichen Ausschnitt hat, in welchem der *Sporn* (calcar) Fig. 11 *h* entspringt; dieser Sporn kommt an den Vorderbeinen stets vor und ist kammförmig, an den Mittel- und Hinterbeinen, wo er bei manchen Gattungen (z. B. Macromischa) fehlt, ist er einfach dornförmig, oder mit äusserst feinen Stachelchen mehr oder weniger gleichförmig besetzt, oder er ist an der der Tarse zugekehrten Seite kammförmig. Die *Tarsen* Fig. 11 *i* bestehen aus fünf Gliedern, ihr erstes Glied (metatarsus) ist das längste, hat an den Vorderbeinen an der Basis eine Krümmung und an dieser eine feine dichte Bürste, wärend diess bei den Mittel- und Hinterbeinen nicht der Fall ist; die folgenden Glieder nehmen bis zum vorletzten an Länge ab, nur das Endglied ist wieder etwas länger und trägt zwei gekrümmte einfache oder (bei Prionomyrmex, Ectatomma und Sima) zweizähnige Krallen, zwischen welchen der Haftlappen liegt.

Von den vier *Flügeln* sind nur die Vorderflügel von diagnostischem Werte, indem deren Rippenverlauf gewisse bestimmte Abweichungen zeigt. An den Vorderflügeln liegt die starke Randrippe (costa marginalis) Fig. 36 *mg* am Vorderrande des ausgespannt gedachten Flügels, und endet etwas vor der Flügelspitze; die nächste Längsrippe ist die Schulterrippe (costa scapularis) Fig. 36 *s*, welche mit der vorhergehenden ziemlich parallel läuft, sich in oder etwas hinter der Flügelmitte der Costa marginalis nähert, mit dieser bei allen Bernsteinameisen eine längliche, hornige Schwiele, das Flügelmal (pterostigma) Fig. 36 *p* einschliesst und unmittelbar hinter dem Flügelmale, sich mit der Costa marginalis verbindend, endet; die dritte Längsrippe, die Costa media Fig. 36 *md*, theilt sich vor der Flügelmitte in zwei divergirende Aeste; der äussere Ast, die Costa basalis Fig. 36 *b*, verbindet sich schief ziehend mit der Costa scapularis und ist entweder gerade oder winkelig, der innere Ast geht schief zum Innenrande des Flügels und ist für die Diagnostik unwichtig. Von der Costa basalis beginnt die wichtigste Längsrippe, die *Cubitalrippe* (costa cubitalis) Fig. 36 *c*, welche sich schon nach kurzem Verlaufe oder erst in der Höhe des Pterostigma in zwei Aeste, nemlich in den *äussern* Fig. 36 *e* und den *innern Cubitalast* Fig. 36 *i* trennt. Vom Pterostigma zieht eine quere Rippe, die *Costa transversa* Fig. 36 *t* einwärts und kann sich auf dreierlei Weise mit der Costa cubitalis oder ihren Aesten verbinden:

1. die Costa transversa verbindet sich mit der Cubitalrippe an deren Ende, wo sie sich in ihre zwei Aeste gabelt. (Hieher gehören von Bernsteinameisen Prenolepis, Plagiolepis, Lasius, Formica, Gesomyrmex und Leptothorax).
2. Die Costa transversa verbindet sich in einer mässigen Entfernung von der Stelle der Gabelung nur mit dem äusseren Cubitalaste (Pheidologeton).
3. Sie verbindet sich ebenfalls mit dem äusseren Cubitalaste, setzt sich aber, diesen kreuzend, fort, bis sie am inneren Cubitalaste endet (Hypoclinea, Ponera, Ectatomma, Aphaenogaster).

Der äussere Cubitalast zieht gegen die Flügelspitze, ohne aber diese zu erreichen, und kann sich entweder mit der Costa marginalis verbinden oder nur gegen diese ziehen, ohne sich mit dieser zu verbinden. Sehr häufig ist die Costa cubitalis mit dem inneren Aste der Costa media durch einen Querast, die *Costa recurrens* Fig. 36 *r* verbunden, obwol diese bei manchen Gattungen kein sicheres Merkmal abgibt, da sie bei derselben Art bei vielen Exemplaren fehlt, wärend sie bei den andern vorhanden ist. Die vierte Längsrippe des Vorderflügels ist von keinem diagnostischen Werte.

Die zur Charakteristik wichtigen Zellen oder Maschen, welche von den Rippen abgeschlossen werden, sind folgende: 1) Die *Cubitalzelle*, Fig. 36 cub., von welcher eine oder zwei vorhanden sein können; wenn *eine* Cubitalzelle vorkommt, so ist sie entweder von der Costa scapularis, C. basalis, C. cubitalis und C. transversa gebildet, wenn nemlich die C. transversa mit der C. cubitalis an deren Theilungsstelle verbunden ist Fig. 36, oder es tritt ausser den oben genannten noch der äussere Cubitalast zu deren Abschliessung hinzu, wenn nemlich die C. transversa mit dem äusseren Cubitalaste verbunden ist Fig. 95; sind zwei Cubitalzellen vorhanden Fig. 45 c, so ist die äussere Cubitalzelle ebenso abgeschlossen wie im letzten Falle, und die innere Cubitalzelle ist von den beiden Cubitalästen und von der Costa transversa begrenzt. — 2) Die *Radialzelle* ist von der Costa marginalis, C. scapularis, C. transversa und von dem äusseren Cubitalaste begrenzt; sie wird *offen* genannt, wenn sich der äussere Cubitalast nicht mit der Costa marginalis verbindet, so dass eine kleine Stelle offen bleibt (Aphaenogaster, Leptothorax) Fig. 91, oder *geschlossen*, wenn sich der äussere Cubitalast mit der C. marginalis verbindet, so dass dann die Zelle vollkommen abgegrenzt ist Fig. 36. 3) Die *Discoidalzelle* ist nur dann abgeschlossen, wenn die Costa recurrens vorhanden ist; sie wird von der Costa basalis, C. cubitalis, C. recurrens und dem inneren Aste der C. media abgegrenzt Fig. 36.

Es finden sich bei den Bernsteinameisen fünferlei Rippenvertheilungen, wenn ich von dem Vorhandensein oder Fehlen der Costa recurrens absehe:
1. Mit *einer* geschlossenen Cubitalzelle.
   a) Die Costa transversa ist mit der Costa cubitatis an deren Theilungstelle verbunden.
      α. Die Radialzelle ist vollkommen geschlossen. Hieher gehören: Ptenolepis Fig. 17, Plagiolepis, Lasius Fig. 29, 31, Formica Fig. 36 und Gesomyrmex Fig. 40.
      β. Die Radialzelle ist offen: Leptothorax Fig. 91.
   b) Die Costa transversa ist mit dem äusseren Cubitalaste verbunden; die Radialzelle geschlossen: Pheidologeton Fig. 95. (Solche Gattungen mit offener Radialzelle sind nur recent bekannt).
2. Mit *zwei* Cubitalzellen.
   a) Die Radialzelle ist geschlossen: Hypoclinea Fig. 45, 59, 64, Ponera Fig. 66, 68, Ectatomma Fig. 72.
   b) Die Radialzelle ist offen: Aphaenogaster.

Unterscheidung der Arbeiter, Weibchen und Männchen.

Die *Arbeiter* haben den Rücken des Thorax nur aus drei Stücken, dem Pronotum, Mesonotum und Metanotum, gebildet (nur selten ist zwischen dem Mesonotum und Metanotum ein schmaler Streifen als Schildchen ausgeprägt), sie haben keine Flügel und auch keine Spur von Flügelgelenken; die Ocellen fehlen oft.

Die *Weibchen* haben ausser Pronotum, Mesonotum und Metanotum noch ein Schildchen und Hinterschildchen, vier Flügel oder wenigstens noch als Reste die Flügelgelenke; sie haben stets drei Ocellen (obwohl sonst der Kopf wenig von dem des Arbeiters abweicht); der Hinterleib besteht bei den Formiciden und Poneriden aus fünf, bei den Myrmiciden aus vier Segmenten; sie haben keine Genitalklappen.

Die *Männchen* haben im Allgemeinen den Thorax wie beim Weibchen gebildet, sie haben vier Flügel, drei Ocellen, Genitalklappen und den Hinterleib bei den Formiciden und

Poneriden aus sechs, bei den Myrmiciden aus fünf Segmenten gebildet; die Kopfform weicht von der des Arbeiters und Weibchens stets ab; die Netzaugen sind immer gross.

Unterscheidung von Bernstein und Kopal.

Die Literatur der Bernstein-Inclusa gibt Beweise, dass mancher Kopal von den Autoren für Bernstein gehalten und daher manches in Kopal eingeschlossene Thier als Bernsteinthier beschrieben worden ist. Da es aber für die Palaeontologie nicht gleichgültig ist, dass sich in die Bernsteinfauna Kopalthiere einschmuggeln, da sonst alle Schlüsse illusorisch werden, so ist es von besonderer Wichtigkeit, dass die Autoren, welche Bernsteinthiere beschreiben, auch sicher im Stande seien, Kopal von Bernstein zu unterscheiden. Es ist hier nicht meine Aufgabe, eine strenge Charakteristik dieser beiden Harze zu geben, und ich könnte es ohne vorausgegangene umfassende Untersuchung, besonders in chemischer Beziehung, nicht wagen, diess zu thun, doch glaube ich, dass es nicht ganz unnütz sein dürfte, wenn ich das Wesentliche meiner Beobachtungen hier mittheile.

1. *Bernstein ist härter als die Kopale.* Beide haben wol beiläufig die Härte von Gyps und Steinsalz, also den zweiten Härtegrad der Mineralogen, unterscheiden sich aber, so wie diese beide Mineralien, bei genauerer Prüfung. Wärend eine glatte Fläche am Bernsteine mit dem Fingernagel nicht ritzbar ist, so lässt sich Kopal deutlich mehr oder weniger ritzen.

2. *Bernstein hat einen höheren Schmelzpunkt als die Kopale.* Wenn man Bernstein mit einer glatten Fläche auf der rauhen Seite von Handschubleder rasch in kurzen Zügen an derselben Stelle reibt, so wird seine Oberfläche noch glatter und glänzender, wärend Kopal rauher und glanzlos wird, auch an das Leder theilweise anklebt, indem er in Folge der durch die Reibung freigewordenen Wärme schmilzt und sich schmiert, so dass man mit dem Reiben kaum fortfahren kann. Ferner kann man Bernstein mit einer feinen Laubsäge, auch in raschen Zügen, zersägen, was bei Kopal nur dann möglich ist, wenn man die grössere Erhitzung vermeidet, indem man langsam sägt oder die Säge stets nass erhält.

Einige von mir gemachte Versuche über den Schmelzpunkt von Bernstein und Kopalen mögen noch hier erwähnt werden. Ich gab in dünne an einem Ende zugeschmolzene Glasröhrchen Bernstein und mehrere Kopal-Sorten, zog die Glasröhrchen nahe dem offenen Ende fein aus, so dass nur eine sehr geringe Kommunikation mit der athmosphärischen Luft blieb und stellte sie in ein Oelbad, in welchem auch ein bis 360°C. getheiltes Thermometer eingesenkt war.

Westafrikanische und westindische Kopale schmolzen schon vollständig unter einer Temperatur von 200°C., Zanzibar-Kopal hingegen zeigte bei mehrmaligen Versuchen bei 210—220° C. ein theilweises Schmelzen, indem jedes Stückchen mit einem kleinen Tropfen an die Glasröhre angeschmolzen ist; bei gesteigerter Temperatur zeigte sich aber bis 360° C. keine weitere Veränderung, so dass daher nur das leicht schmelzbare Harz dieses Kopals geschmolzen ist, wärend der übrige Theil jedenfalls erst über 360° C. schmilzt. Bernstein bleibt bis zu dieser Temperatur noch vollkommen fest, so dass er an die Glasröhre nicht anschmilzt und die Stückchen nach der Erhitzung noch eben so scharfkantig sind, wie sie vor der Erhitzung waren. Diess stimmt jedenfalls nicht mit der Angabe mehrerer Chemiker überein, welche für Bernstein den Schmelzpunkt von 280—290° C. angeben.

Ich habe es für diesen Moment unterlassen, weitere Untersuchungen zu machen, da ich den Abschluss dieser Abhandlung nicht gerne verzögern möchte und solche Untersuchungen, strenge genommen, auch nicht zu der mir hier gestellten Aufgabe gehören. Diese Merkmale, besonders jene, welche sub 2 angeführt sind, dürften wol in jedem Falle hinreichen, Bernstein von Kopal zu unterscheiden, um so mehr, da nur eine kleine Uebung dazu nöthig ist. Die übrigen Eigenschaften, welche noch oft angegeben werden, oder die ich gefunden habe, wie z. B. die Töne beim Feilen, die Feinheit des dadurch erzeugten Staubes, der Geruch beim Verbrennen und Reiben, die Elektricität u. s. w. sind weniger charakteristisch. Die Verschiedenheit im specifischen Gewichte ist nicht zu verwerthen, weil der durch das Thier erzeugte Hohlraum mit Luft oder mit einer festen Substanz, welche nicht Bernstein ist oder nur mit Bernstein gemischt sein kann, erfüllt ist, und daher eine Aenderung im specifischen Gewichte hervorbringt.

Täuschungen und Schwierigkeiten bei der Bestimmung der Bernsteininclusen.

Dieses Kapitel ist nur für diejenigen bestimmt, welche noch keine Uebung im Bestimmen der Bernsteininclusen haben; dasselbe soll durchaus keinen Anspruch auf Vollständigkeit machen, sondern den Anfänger nur auf einige der wichtigsten Vorkommnisse aufmerksam machen.

Die Skulptur des Inclusum erscheint häufig anders, als sie dem Thiere eigentlich zukömmt und es ist in manchen Fällen sehr schwierig, darüber klar zu werden. So finden sich z. B. körnchenartige Erhöhungen an der Oberfläche des Thieres, welche manchmal ziemlich gleichförmig auftreten, die sich aber bei genauerer Untersuchung als lufthaltig erweisen; ich erkläre mir deren Bildung in der Weise, dass, als das Thier in den noch flüssigen Balsam gelangte, dieser sich dort, wo an dem Thiere Haare entspringen, nicht an die Körperoberfläche anlegen konnte, sondern eine geringe Luftmenge in Halbkugelform zurückblieb; in manchen Fällen lassen sich aber keine solchen Haare als Ursache auffinden. Sehr häufig zeigt sich eine silberfarbige glänzende Oberfläche des Thieres, welche durch eine sehr dünne Luftschichte, welche zwischen dem Thiere und dem Bernsteine liegt, gebildet wird. Es kommt manchmal vor, dass z. B. ein Fühler bei auffallendem Lichte dünn erscheint und dass die Glieder der Geissel deutlich länger als dick zu sein scheinen, wärend man bei durchfallendem Lichte erst die Täuschung erkennt, indem die Glieder der Geissel etwa so lang als dick sind. Dieser Fall wird schwierig, wenn der Fühler am Körper des Thieres anliegt und der Schliff des Bernsteins so ist, dass man den Fühler nicht im durchfallenden Lichte sehen kann. Die Farbe des Inclusum ist grossem Wechsel unterworfen (wesshalb ich sie auch nicht in die Diagnose aufgenommen habe), denn einerseits erscheint sie durch die gelbe oder rothe Farbe des Bernsteins oft alterirt, oder das Thier selbst hat sich mehr oder weniger zersetzt und dadurch die Farbe geändert, so dass z. B. ein ursprünglich gelbes Thier in allen Nuançen durch Braun bis zu Schwarz erscheinen kann. Nicht selten sieht man schwarze Inclusen, welche schon theilweise verschwunden sind, indem nur die Hohlform im Bernstein noch übrig ist. Sehr schön zeigt diess z. B. das Stück Nro. 386 der physikalisch-ökonomischen Gesellschaft in Königsberg, wo sich die ehemalige Gegenwart des Kopfes nur mehr durch die Hohlform im Bernsteine manifestirt, wo der Thorax schwarz und stellenweise durchsichtig ist, da die organische Substanz verschwunden ist, wärend der Hinterleib und die Beine noch gut erhalten sind.

Oefters kommt es vor, dass ein Inclusum nahe dem Rande in einer ungünstigen Lage sich findet, wo ein Schliff nicht leicht möglich und eine genaue Untersuchung dadurch behindert ist, in welchem Falle ich Canadabalsam (oder irgend ein gelöstes Harz im dickflüssigen Zustande) an diese Stelle gebe und ein Deckgläschen, wie man sie für mikroskopische Studien benutzt, so darauf lege, dass das Inclusum dann gut gesehen werden kann. Dass man bei ungünstiger Lage des Inclusum oft durch einen richtigen Schliff abhelfen kann, braucht wol keiner weiteren Erwähnung; was aber den Schliff selbst betrifft, so dürften einige Worte für den Anfänger nützlich sein. Wenn man ein noch rohes ungeschliffenes Bernsteinstück mit einem Inclusum vor sich hat, so gibt man mit einer gröberen Feile oder mit einer Raspel, oder, wenn das Stück grösser ist, mit einer Laubsäge, dem Bernsteine die gewünschte Form mit besonderer Berücksichtigung einer günstigen Lage des Inclusum. Will man bei dieser Arbeit das Inclusum sehen, um darnach die Lage der Flächen bestimmen zu können, so macht ein Tropfen Oel die rauhe, undurchsichtige Oberfläche des Bernsteins durchsichtig. Hat das Bernsteinstück die gewünschte Form, so wird eine feine Feile und sodann eine rauhe Glasplatte die Flächen glatter machen, worauf man den vollen Glanz mit einem aufgespannten Handschuhleder erreicht, auf welchem man das Stück zuerst mit Kreide sodann ohne dieser reibt.

Literatur über Bernsteinameisen.

Eine Literatur über erkennbar beschriebene Bernsteinameisen scheint nach meiner Kenntniss nicht zu existiren, obschon von mehreren Autoren Ameisen beschrieben und abgebildet worden sind.

Sendelius gibt in seiner: Historia Succinorum corpora aliena involventium 1742 Tab. IV. Fig. 18—26 neun Abbildungen von Ameisen, ohne Benennung und ohne Beschreibung, welche, da die artistische Ausführung Alles zu wünschen übrig lässt, eben nur als Ameisen zu erkennen sind.

Schweigger führt in den: Beobachtungen auf naturhistorischen Reisen, Berlin 1819 und zwar im Anfange: Bemerkungen über den Bernstein enthaltend, auf pag. 118 und 119 folgendes an: „Noch erwähne ich eine Ameise mit auffallend dickem Kopfe, welcher ungleich grösser als der Hinterleib ist, länglich und mit starken dreieckigen Kinnladen bewaffnet. Diese Bildung findet sich an Ameisen südlicher Länder." Hierzu findet sich auf der Tafel VIII. Fig. 70, 70a und 70b die Abbildung einer Ameise. Holl benennt nun in seinem Handbuche der Petrefaktenkunde I. Band 1829 pag. 140 diese Art und gibt eine Beschreibung derselben: „*Formica cordata* Holl. Der Kopf sehr dick, herzförmig, grösser als der Hinterleib, mit starken dreieckigen Kiefern. Das Bruststück endigt in zwei Stacheln. Schweigger, Beobacht. auf naturh. Reisen Tab. VIII. Fig. 70." Es ist kein Zweifel, dass diese von Schweigger abgebildete und von Holl beschriebene Ameise einem Soldaten der Gattung Pheidole angehört, wenn auch die Abbildung nur in rohen Umrissen dargestellt und die Holl'sche Beschreibung ganz werthlos ist; doch diess ist auch Alles, was ich zu eruiren im Stande bin, ausser man würde noch annehmen, dass in Fig. 70 das Thier wirklich in natürlicher Grösse gezeichnet ist, so dass man denn auch wüsste, dass diese Pheidole eine der grössten Arten sei. Da die Gattung Pheidole in der Jetztzeit sowol in der tropischen als auch in der subtropischen und wärmeren gemässigten Zone (in Europa reicht sie nördlich bis Krain und Tirol) ihre Vertreter hat, so wäre es ganz gut denkbar, dass diese Gattung bereits zur Bernsteinzeit repräsentirt war, doch kenne ich trotz des reichen mir zu Gebote stehenden Materials keine

Bernstein-Pheidole, und da ich die Schweigger'sche Type nicht untersucht habe (und auch Holl dieselbe nicht in den Händen gehabt haben dürfte, da er kein Merkmal in der Beschreibung angibt, welches nicht schon in Schweigger's Abbildung ersichtlich ist), und indem ich überhaupt nicht in Erfahrung bringen konnte, ob diese Type noch existirt, so kann ich mir kein weiteres Urtheil erlauben und muss nur auf die Möglichkeit aufmerksam machen, dass das fragliche Thier nicht in Bernstein, sondern in Copal, eingeschlossen sein könnte.

In demselben oben genannten Werke beschreibt *Holl* eine zweite Ameise in folgender Weise: „*Formica quadrata* Holl. Der Kopf ebenfalls gross, aber viereckig und die beiden hinteren Enden desselben spitzig vorgezogen; das Bruststück mit zwei Stacheln." Herr Holl scheint sich mit dieser Beschreibung, welcher keine Abbildung beigegeben ist, einen Spass gemacht zu haben, indem er der Nachwelt ein Räthsel aufgeben wollte, denn er selbst konnte doch ernstlich nicht daran denken, dass irgend jemand im Stande ist, die Gattung zu eruiren, obschon wir gar nicht wissen, ob er denn überhaupt eine Ameise beschrieben hat. Da das Stück in der Dresdner Sammlung gelegen sein dürfte, so ist es wahrscheinlich bei dem Brande im Jahre 1849 zu Grunde gegangen, denn unter den mir von Herrn Professor Geinitz freundlichst zur Ansicht gesandten Stücken der Bernsteinsammlung des geologischen Museums in Dresden ist kein Stück darunter, welches mit der Holl'schen Art zu vergleichen wäre.

Presl's Additamenta ad Faunam protogaeam 1822 konnte ich nicht zur Ansicht erhalten, aber in der Isis 1823 pag. 374 und 375 findet sich darüber angeführt, dass Presl in dieser Abhandlung 6 Arten, nemlich: *Formica nigra, parvula, luteola, gibbosa, trigona* und *macrognatha* beschrieben hat. Ueber diese Arbeit findet sich in der Isis, was die Ameisen betrifft, folgende Kritik: „So genau auch der Verfasser diese Kerfe beschrieben hat, so halten wir doch den ganzen Aufsatz für unnütz, weil er ohne Abbildung ist." —

In *Maravigna's* Lettre sur les insectes trouvés dans l'ambre de la Sicile in der Revue zool. 1838 T. 1 (pag. 168 und 169) sind vier Ameisen abgebildet, aber nicht benannt und nicht beschrieben. Fig. 9 stellt, vorausgesetzt, dass die Zeichnung richtig ist, einen Arbeiter von Leptomyrmex dar, welche Gattung mir im Bernsteine nicht bekannt ist, Fig. 10 und 12 sind ein Arbeiter und ein Weibchen, welche jedenfalls zu Sima gehören, doch lässt sich nicht ermitteln, ob sie mit einer der nachfolgend beschriebenen Arten identisch sind. Fig. 11 ist eine Ameise, welche zur Subfamilie Formicidae und vielleicht zu Plagiolepis gehört, doch ist ohne der Kenntniss der Anzahl der Fühlerglieder eine Bestimmung nicht möglich. Schon Erichson hat im Jahre 1838 im Berichte über die wissenschaftlichen Leistungen im Gebiete der Entomologie die Figuren 10 und 12 ganz richtig gedeutet.

Professor *Giebel* hat im zweiten Bande seiner: Fauna der Vorwelt (auch unter dem Titel: Insekten und Spinnen der Vorwelt) 1856 eine *Formica lucida* aufgestellt, deren Beschreibung*) so lautet: „das einzige Bernsteinexemplar der leipziger Universitätssammlung ist nur $^3/_4$ Linien lang. Der Kopf ist kugelig und schwarz, und die feinen schnurförmigen, an der Spitze eingekrümmten Fühler haben Körperlänge. Der Thorax ist vorne ziemlich dick, verdünnt sich aber nach hinten und ist dunkelbraun. Der hellbraune Hinterleib ist nicht länger als der Thorax, kurz keulenförmig, aus nur vier deutlichen Ringen bestehend. Die Flügel überragen den Hinterleib und haben ein ungemein zartes Geäder, in welchem die einzige, grosse, offene Discoidalzelle zu erkennen ist. Die Beine sind hellgelb, die Schenkel ziemlich stark verdickt, die Schienen länger und fein." Herr Prof. Carl Naumann war so

---

*) Dr. Taschenberg war so freundlich, mir eine Abschrift dieser Beschreibung brieflich zuzusenden, da Giebel's Ins. u. Sp. d. V. im hiesigen Mineralienkabinete nicht vorhanden sind.

freundlich, mir das typische Exemplar auf meine Bitte zur Ansicht zuzusenden. Dieses Stück, welchem noch die Etiquette mit Prof. Giebel's Handschrift beigegeben war, stimmte mit der Beschreibung genau überein, so dass ich vollkommen sicher bin, dass ich das richtige Exemplar erhalten habe. Es hat sich aber herausgestellt, dass dieses vermeintliche Bernsteinstück echter *Kopal* ist, so wie das Inclusum keine Ameise, sondern ein *Braconide* ist, dessen genauere Bestimmung wol unserem besten Braconiden-Kenner, Herrn Med.-Rath Dr. Reinhard in Dresden gelingen dürfte.

Vergleichung der Ameisen des Bernsteins mit denen der Jetztzeit und der Radobojer-Schichten.

Die Gattung *Camponotus* ist durch drei Arten im Bernstein vertreten. In der Jetztzeit ist diese Gattung in hoher Entwickelung, da ich deren Artenanzahl auf $1\frac{1}{4}$ Hundert anschlagen möchte, obschon eine genauere Schätzung unmöglich ist, indem eine grosse Artenanzahl unter dem Genusnamen Formica im weitesten Sinne, beschrieben worden sind, welche ich daher nur mit Wahrscheinlichkeit zu dieser Gattung ziehen kann. Dieses Genus hat in allen Erdtheilen zahlreiche Vertreter, auch im südlichen Europa kommen 10 Arten vor, wovon aber nur C. liguiperdus, herculeanus, aethiops und fallax in Nordpreussen jetzt vorkommen. Diese stimmen am meisten mit C. Mengei m. überein, wärend die zwei anderen Bernsteinarten keine Nächstverwandten in Europa haben. C. constrictus steht der neuholländischen Art C. intrepidus Kirby zunächst, wärend C. igneus durch den geraden Thoraxrücken von allen mir bekannten recenten Camponotus-Arten abweicht. Aus den Radobojer-Schiefern gehören Formica indurata Heer (♀), heraclea (♂), pinguicula radobojana (♂) und wahrscheinlich auch F. lignitum zu Camponotus, doch lässt sich nicht ermitteln, welche Männchen zu den Weibchen gehören, und in welcher Verwandtschaft sie zu den Bernsteinarten stehen.

Die Gattung *Oecophylla*, durch eine Bernsteinart vertreten, enthält nach meiner Ansicht (wie ich bereits im Jahrbuche der k. k. geologischen Reichsanstalt 1867 p. 51 erwähnt habe) in der Jetztzeit auch nur eine Art, welche von Mittel- und Südafrika, Ostindien, Ceylon, den Sundainseln, Philippinen und den kleineren Inseln bis Australien und Neu-Guinea verbreitet ist. Die Formica pinguis radobojana Heer ist ein Weibchen dieser Gattung, ob aber dieses mit dem Arbeiter im Bernstein zur selben Art gehört, vermag ich nicht zu bestimmen.

Von der Gattung *Prenolepis* kommen zwei Arten im Bernsteine vor; die eine, P. Henschei m. hat mit der recenten europäischen Art P. nitens Mayr, welche in Südeuropa*) bis Tirol, Oesterreich, Ungarn und Siebenbürgen reicht, eine sehr nahe Verwandtschaft. Ueber die zweite Art, wovon mir keine Arbeiter bekannt sind, kann ich nichts näheres angeben. Ob in den Radobojer Schichten diese Gattung vorkommt, mag wol schwer zu beantworten sein, da bei Abdrücken Prenolepis von Lasius kaum unterschieden werden dürfte. Die 10 jetzt lebenden Prenolepis-Arten sind in allen Erdtheilen, ausser in Afrika vertheilt.

Die Gattung *Plagiolepis* zählt im Bernsteine fünf Arten. In der Jetztzeit kommt eine Plagiolepis-Art in Mittel- und Südeuropa häufig vor, zwei Arten leben in Afrika, vier in Asien und eine auf Kuba. Aus den Radobojer Schichten ist mir kein Vertreter bekannt.

Rhopalomyrmex ist eine dem Bernstein eigenthümliche Gattung.

Lasius hat vier Bernsteinarten, doch kommt nur eine Art häufig vor. In Europa hat diese Gattung jetzt eine grosse Entwickelung, indem sich daselbst 12 Arten vorfinden, die-

---

*) Pren. nitens wurde wol auch in England gefunden, ist aber daselbst nicht einheimisch, sondern eingeschleppt.

sem zunächst steht Nordamerika, welches nebst Sibirien mehrere Species mit Europa gemein hat und auch mehrere selbstständig besitzt; aus Südasien sind bis jetzt zwei und aus Chili ebenfalls zwei Arten bekannt. Meine Ansichten über die Beziehungen der häufigen Bernsteinart, L. Schiefferdeckeri mit mehreren jetzt lebenden europäischen Arten habe ich im speciellen Theile entwickelt. Auch in den Radobojer Schichten ist diese Gattung durch mehrere Arten vertreten.

Die Gattung *Formica* hat nur eine einzige Bernsteinart aufzuweisen, wärend jetzt in Europa 12 Arten leben, wovon aber nur 8 Arten in Norddeutschland vorkommen, deren Verbreitungsbezirk sich bei einigen bis Sibirien, ja sogar bis Nordamerika erstreckt, welches letztere nur drei selbstständige Species beherbergt; aus Asien ist nur eine eigene Art bekannt, in Afrika kommt nur die sehr gemeine europäische Formica fusca L. vor, welche mit der Bernsteinart die nächste Verwandtschaft hat und auch in Nordamerika verbreitet ist, in Südasien kommt auf Malakka eine Art vor, Australien und Südamerika haben keine Vertreter dieser Gattung. In den Radobojer Schichten ist sie durch mehrere Arten vertreten.

Gesomyrmex ist eine neue Bernsteingattung mit einer einzigen Art; diese Gattung erinnert in mancher Beziehung an die vorhin besprochene Oecophylla, weicht aber doch bedeutend von derselben ab. Sie scheint in der Jetztzeit keinen Vertreter zu haben und nähert sich durch den kleinen kreisrunden After an der Hinterleibsspitze der vorhergehenden, durch den zwischen die Fühlergelenke eingeschobenen Clypeus der nächstfolgenden Gattung.

Die artenreiche Gattung *Hypoclinea* zählt 8 Bernsteinspecies. In der Jetztzeit ist diese Gattung besonders in den Tropen von Asien, Amerika und in ganz Australien vertreten. Im südlicheren Theile Europas kommt eine Art vor, welche aber mit keiner Bernsteinart grosse Aehnlichkeit hat. In den Radobojer Schichten finden sich auch Hypoclinea-Arten.

Von der Subfamilie *Formicidae* ist noch ein Dutzend Gattungen bekannt, die in Bernstein nicht vorkommen; von den in Europa lebenden sind zu erwähnen: Colobopsis, Cataglyphis, Polyergus, Acantholepis, Liometopum und Tapinoma, von welchen aber nur 2 Gattungen in Norddeutschland vorkommen. Da die Gattung Liometopum im Bernsteine nicht vorkommt, so dürfte Liometopum antiquum Mayr aus dem Radobojer-Schiefer vielleicht doch zu Hypoclinea gehören.

Die Subfamilie *Odontomachidae*, welche in den Tropenländern heimisch ist, hat im Bernstein keinen, in der Jetztzeit in Südeuropa einen einzigen Vertreter. Dasselbe ist mit den *Doryliden* der Fall.

Von den *Poneriden* leben in der Jetztzeit über 30 Gattungen, wärend die Bernsteinfauna nur 4 Genera aufweist; in den Radobojer scheinen sie zu fehlen.

Die Gattung *Ponera* zählt zwei Bernsteinarten, und hat in der Jetztzeit in allen Erdtheilen ihre Vertreter.

Bradoponera ist eine dem Bernstein eigenthümliche Gattung.

Ectatomma, im Bernsteine durch eine Art vertreten, ist eine tropische Gattung, welche in Asien, Australien und in Amerika lebt.

Prionomyrmex ist ein dem Bernsteine eigenthümliches Genus und steht der Gattung Myrmecia, welche mit vielen Arten in Neuholland lebt, sehr nahe.

Die *Myrmiciden* sind im Bernsteine, so wie in den Radobojer Schiefern, sehr spärlich vertreten, wärend aus der Jetztzeit fast ein halbes Hundert Gattungen bekannt ist; auch die Individuen und Arten-Anzahl ist im Bernsteine eine sehr geringe.

Aphaenogaster hat zahlreiche recente Arten in allen Erdtheilen, ausser Australien, vertheilt, aber nur zwei Arten im Bernsteine. A. Sommerfeldti hat mit der jetzt im südlicheren Europa lebenden A. subterranea Ltr. sehr grosse Aehnlichkeit und auch A. Berendti von welcher mir nur das Männchen bekannt, steht dieser Art nahe.

Das Genus *Macromischa* hat eine eigenthümliche Verbreitung, indem 7 Arten auf Kuba leben, eine Art auf St. Domingo und zwei Arten an der Goldküste vorkommen. Im Bernsteine finden sich vier Arten.

Myrmica ist eine der gemässigten Zone eigenthümliche Gattung (M. rugosa Mayr kommt wol in Südasien, aber nur im gemässigten Himalaja-Gebirge vor) und weist insbesondere in Europa die meisten Arten auf. Im Bernsteine kommen zwei Arten vor, wovon M. Duisburgi sehr bedeutend von allen Myrmica-Species abweicht.

Die Gattung *Leptothorax* hat nur eine Bernsteinart, wärend diese der gemässigten Zone der nördlichen Hemisphäre angehörende Gattung in Europa eilf recente Arten zählt.

Monomorium enthält recente Arten, welche auf der Erdoberfläche sehr vertheilt sind, darunter findet sich eine kosmopolitische Art und zwei südeuropäische Arten, wärend die übrigen recenten Arten auf den anderen Erdtheilen leben. Aus dem Bernsteine ist mir nur eine Art bekannt.

Pheidologeton ist im tropischen Asien vertreten, im Bernstein kommt eine Art vor.

Lampromyrmex, *Stigmomyrmex* und *Enneamerus* sind dem Bernsteine eigenthümliche Gattungen, die letztere steht jedenfalls der Gattung Myrmicaria sehr nahe, welche in Afrika, im südlichen Asien und auf Kuba ihre Vertreter hat.

Sima, eine Gattung, welche in Südasien und Afrika vorkommt, zählt drei Arten im Bernsteine.

Aus dieser Zusammenstellung ergiebt sich, dass die Ameisenfauna des Bernsteins mit keiner recenten Ameisenfauna übereinstimme oder überhaupt nur grosse Aehnlichkeit habe, sondern dass sie Elemente der Faunen aller Erdtheile mehr oder weniger enthält. Hope's Ansicht, dass die Bernsteinameisen durchweg aussereuropäischen Typus haben[*]), ist ganz irrig, denn wenn man die Bernsteinameisen irgend einer Fauna zunächst stellen wollte, so müsste diess die europäische sein, indem nicht nur viele Bernsteingattungen auch jetzt in Europa vertreten sind, sondern sogar manche Bernsteinarten so sehr mit recenten europäischen Arten übereinstimmen, dass der sichere Beweis einer specifischen Unterscheidung schwer zu führen sein dürfte, so dass also jedenfalls angenommen werden kann, dass manche unserer jetzt in Europa lebenden Arten von Bernsteinarten abstammen; als solche sichere Stammarten wären Camponotus Mengei, Formica Flori, Lasius Schiefferdeckeri und wol auch Prenolepis Henschei zu nennen. Ueberdiess hat aber die Ameisenfauna des Bernsteins noch manche Beziehungen mit jener Neuhollands (besonders durch die Arten Hypoclinea Goepperti und Geinitzi so wie durch die Gattung Prionomyrmex) und der des tropischen Asiens. Die wenigsten Beziehungen hat sie mit den Faunen der Tropenländer Afrika's und Amerika's.

Uebersicht des untersuchten Materiales.

Formicidae.	Camponotus Mengei	. . . . .	10 Bernsteinstücke	mit	10	Individuen.
	„ igneus	. . . . .	2	„	„ 2	„
	„ constrictus	. . . .	5	„	„ 5	„
	Oecophylla Brischkei	. . . . .	5	„	„ 5	„

[*]) Hope: Observations on Succ. Ins. in den Transact. Ent. Soc. London 1836 pag. 135: „With regard to the insects in amber I state them to be altogether extra — European".

	Prenolepis Henschei	68	Bernsteinstücke mit	69 Individuen.
	„ pygmaea	22	„	„ 23 „
	Plagiolepis Klinsmanni	8	„	„ 8 „
	„ singularis	1	„	„ 1 Individuum.
	„ Künowi	1	„	„ 1 „
	„ squamifera	2	„	„ 2 Individuen.
	„ solitaria	1	„	„ 1 Individuum.
	Rhopalomyrmex pygmaeus	1	„	„ 1 „
	Lasius Schiefferdeckeri	146	„	„ 174 Individuen.
	„ pumilus	3	„	„ 3 „
	„ punctulatus	4	„	„ 4 „
	„ edentatus	1	„	„ 1 Individuum.
	Formica Flori	180	„	„ 189 Individuen.
	Gesomyrmex Hörnesi	19	„	„ 19 „
	Hypoclinea Goepperti	490	„	„ 580 „
	„ Geinitzi	160	„	„ 168 „
	„ constricta	10	„	„ 10 „
	„ cornuta	9	„	„ 9 „
	„ sculpturata	2	„	„ 2 „
	„ tertiaria	47	„	„ 87 „
	„ baltica	10	„	„ 11 „
	„ longipennis	2	„	„ 2 „
Poneridae.	Ponera atavia	13	„	„ 13 „
	„ succinea	3	„	„ 3 „
	Bradoponera Meieri	5	„	„ 5 „
	Ectatomma europaeum	1	„	„ 1 Individuum.
	Prionomyrmex longiceps	1	„	„ 1 „
Myrmicidae.	Aphaenogaster Sommerfeldti	6	„	„ 6 Individuen.
	„ Berendti	1	„	„ 1 Individuum.
	Macromischa Beyrichi	2	„	„ 2 Individuen.
	„ rugosostriata	2	„	„ 2 „
	„ petiolata	2	„	„ 2 „
	„ rudis	2	„	„ 2 „
	Myrmica longispinosa	1	„	„ 1 Individuum.
	„ Duisburgi	1	„	„ 2 Individuen.
	Leptothorax gracilis	2	„	„ 3 „
	Monomorium pilipes	3	„	„ 3 „
	Pheidologeton antiquus	3	„	„ 3 „
	Lampromyrmex gracillimus	5	„	„ 5 „
	Stigmomyrmex venustus	2	„	„ 2 „
	„ robustus	1	„	„ 1 Individuum.
	Enneamerus reticulatus	2	„	„ 3 Individuen.
	Sima ocellata	5	„	„ 5 „
	„ simplex	4	„	„ 4 „
	„ angustata	3	„	„ 3 „

Summa 1279 Bernsteinstücke mit 1460 Individuen.

II.
Specieller Theil.

I. Subfam. Formicidae.

Das Stielchen besteht nur aus einem Gliede; der Hinterleib ist zwischen dem 1. und 2. Segmente nicht eingeschnürt und hat keinen Stachel am hinteren Ende.

II. Subfam. Poneridae.

Das Stielchen besteht nur aus einem Gliede; der Hinterleib ist zwischen dem 1. und 2. Segmente eingeschnürt und hat bei den Arbeitern und Weibchen einen Stachel, während bei den Männchen der Rückentheil des letzten Hinterleibssegmentes in einen gekrümmten Dorn endigt.

III. Subfam. Myrmicidae.

Das Stielchen besteht aus zwei Gliedern; der Hinterleib hat bei den Arbeitern und Weibchen einen Stachel.

I. Subfamilie Formicidae.

Petiolus uniarticulatus. Abdomen inter segmentum primum et secundum non constrictum, ano absque aculeo.

Die Oberkiefer sind bei allen Bernsteinarten dieser Subfamilie flachgedrückt und wenigstens bei den Arbeitern und Weibchen stets am Kaurande gezähnt. Die Schild- und Fühlergruben sind getrennt (Camponotus, Oecophylla, Prenolepis), oder gehen in einander über; als dritter Fall könnte etwa noch jener gelten, wo keine eigentliche Schildgrube vorhanden ist, sondern die Fühlergrube sich an deren Stelle findet (Gesomyrmex, Hypoclinea). Die Fühler entspringen (bei Camponotus und Oecophylla) vom Clypeus entfernt, oder am Hinterrande des Clypeus oder doch nahe demselben (Prenolepis, Plagiolepis, Rhopalomyrmex, Lasius, Formica), oder endlich fassen sie (bei Gesomyrmex und Hypoclinea) den hinteren Theil des Clypeus zwischen sich; sie sind 8 gliedrig (beim Arbeiter von Gesomyrmex), 10 gliedrig (Rhopalomyrmex), 11 gliedrig (bei den Arbeitern und Weibchen von Plagiolepis und beim Männchen von Gesomyrmex), 12 gliedrig (b ei den Arbeitern und Weibchen übrigen Gattungen und bei den Männchen von Plagiolepis) und 13 gliedrig (bei den Männchen der übrigen Gattungen). Ocellen finden sich, ausser bei allen Weibchen und Männchen, bei den Arbeitern von Camponotus constrictus, bei Lasius, Formica und Gesomyrmex. Der Thorax ist meist unbewehrt (nur bei Hypoclinea cornuta ist das Metanotum zweidornig). Das eingliedrige Stielchen hat oben meist eine Schuppe, manchmal einen Knoten. Der Hinterleib, welcher zwischen dem ersten und zweiten Segmente nicht eingeschnürt ist, zeigt bei den Arbeitern und Weibchen, von oben gesehen, fünf Segmente mit endständigem mehr oder weniger gewimperten After, nur bei Hypoclinea sieht man nur vier Segmente, da das fünfte Segment, welches den After zwischen sich fasst, an der Unterseite des Hinterleibes vor dem Hinterrande des Rückenstückes des vierten Segmentes liegt, so dass auch der querspaltige, unbewimperte After nicht endständig ist; beim Männchen ist der Rückentheil des letzten Hinterleibssegmentes abgerundet. Die Krallen sind einfach. Die Flügel haben *eine* Cubitalzelle, nur bei Hypoclinea sind zwei Cubitalzellen vorhanden.

Uebersicht der Gattungen.
Arbeiter und Weibchen.

1. Fühler 8 gliedrig . . . . *Gesomyrmex.*
   — 10 gliedrig . . . . *Rhopalomyrmex.*
   — 11 gliedrig . . . . *Plagiolepis.*
   — 12 gliedrig 2
2. Der Hinterleib hat, von oben gesehen, 5 Segmente, mit endständigem After; der Clypeus ist nicht zwischen die Fühlergelenke eingeschoben 3

4

Der Hinterleib hat, von oben gesehen, 4 Segmente, mit unterständigem
After; der Clypeus ist zwischen die Fühlergelenke eingeschoben   *Hypoclinea.*
3. Die Fühler entspringen vom Clypeus entfernt . . . . | . . 4
— — — am Hinterrande des Clypeus 5
4. Kopf (ohne Mandibeln) viereckig mit gerundeten Hinterecken; Clypeus
trapezförmig, vorne am breitesten; Stielchen mit einer Schuppe
oder mit einem Knoten; Sporne der vier hinteren Beine sehr
kurz gekämmt . . . .   *Camponotus.*
— — — herzförmig; Clypeus in der Mitte am breitesten;
Stielchen oben nur höckerförmig erhöht; Sporne einfach dornförmig und sehr kurz . . . .   *Oecophylla.*
5. Die Schildgrube geht in die Fühlergrube über; Ocellen beim Arbeiter . 6
— — — nicht in die Fühlergrube über; keine Ocellen beim
Arbeiter . . . .   *Prenolepis.*
6. Die Geisselglieder 2—5 sind kürzer und kleiner als die folgenden . . .   *Lasius.*
Die ersteren Geisselglieder sind länger als die letzteren (mit Ausnahme
des Endgliedes) . . . .   *Formica.*

Männchen.

1. Fühler 11 gliedrig . . . .   *Gesomyrmex.*
— 12 gliedrig . . . .   *Plagiolepis.*
— 13 gliedrig 2
2. Eine Cubitalzelle; Clypeus nicht zwischen die Fühlergelenke eingeschoben 3
Zwei Cubitalzellen; Clypeus zwischen die Fühlergelenke eingeschoben . .   *Hypoclinea.*
3. Schild- und Fühlergrube von einander getrennt . . . .   *Prenolepis.*
— — — gehen in einander über 4
4. Basalglied der Geissel etwas länger als das zweite Glied; Stirnfeld undeutlich; Körper klein . . . .   *Lasius.*
— — — kürzer als das zweite Glied; Stirnfeld scharf dreieckig ausgeprägt; Körper gross . . . .   *Formica.*

1. Camponotus Mayr.

Operaria: Caput supra convexum, antice non truncatum, infra subplanum. Mandibulae margine masticatorio dentato. Palpi maxillares sex articulati. Clypei trapezoidalis
fossae separatae a fossis antennalibus. Laminae frontales longae sigmoideae. Antennae duo-
decimarticulatae oriuntur remotae a clypei margine; funiculi articulus primus brevior secundo
et tertio ad unum. Petiolus supra cum squama aut cum nodo. Abdominis segmentum primum circiter longitudine secundi. Anus apicalis minutus, circularis, pilis brevibus ciliatus.

Arbeiter. Der Kopf ist, die Mandibeln abgerechnet, mehr oder weniger viereckig
mit gerundeten Hinterecken, oder fast oval, er ist an der Oberseite gewölbt, an der Unterseite ziemlich flach. Die Oberkiefer sind entweder breit und dann deutlich dreieckig, oder
wenig verbreitert mit fast parallelen Vorder- (Aussen-) und Hinter- (Innen-) Rande, deren
Kaurand ist stets gezähnt. Die Kiefertaster sind sechsgliedrig, die Lippentaster viergliedrig.
Der Clypeus ist trapezförmig, vorne breit, und zwar so breit wie der Vorderrand des Kopfes,
da er denselben bildet, hinten schmal mit querem hinteren Rande, die Seitenränder ziehen
schief von den Vorderecken des Kopfes nach einwärts und hinten zu den Enden des Hinter-

randes des Clypeus; er hat entweder einen bogigen Vorderrand, wenn die Mitte des Clypeus etwas weiter nach vorne reicht wie seine Seiten an den Mandibelgelenken, oder er ist jederseits stark ausgebuchtet und der mittlere Theil ragt mehr oder weniger in der Weise vor, dass er jederseits einen mit einer rechtwinkligen Ecke versehenen Lappen bildet. Der Clypeus ist von einer Seite zur anderen mehr oder weniger dachförmig gewölbt und hat einen scharfen Mittellängskiel, oder keinen solchen. Die Stirnleisten beginnen an den Hinterecken des Clypeus und erreichen, S förmig gebogen, eine ziemliche Länge. Die zwölfgliedrigen Fühler entspringen hinter den Hinterecken des Clypeus, von denselben mehr oder weniger entfernt; die Geissel ist fadenförmig, ihre Glieder sind sämmtlich länger als dick, ziemlich gleich lang, obschon das zweite Glied das kürzeste ist und das erste Glied länger als das zweite, aber kürzer als das zweite und dritte Glied zusammen ist. Die Fühlergruben sind von den Schildgruben entfernt und deutlich von denselben getrennt. Das Stirnfeld ist nicht sehr deutlich ausgeprägt, es ist dreieckig und breiter als lang. Die Ocellen fehlen bei zwei Bernsteinarten, so wie bei den recenten Arten (nur eine Art hat ein Punktauge bei den grossen Arbeitern), bei einer Art finden sich aber stets 3 sehr deutliche Ocellen. Die Netzaugen liegen entweder an den Kopfseiten mehr oder weniger hinter der Mitte, oder sie sind an die Oberseite des Kopfes gerückt. Der Thorax hat bei den Bernsteinarten entweder einen der Länge nach gewölbten Rücken, oder dieser ist gerade und nur vorne und hinten herabgebogen, in beiden Fällen hat der Thorax keine Einschnürung zwischen dem Mesonotum und Metanotum, der dritte Fall ist jener, wo der Thorax hinter der Mitte breit zusammengeschnürt ist. Das Stielchen trägt oben eine quere ovale Schuppe oder einen dicken Knoten. Der Hinterleib ist mehr oder weniger eiförmig, von oben sind alle fünf Segmente sichtbar, da das fünfte Segment die Spitze des Hinterleibes bildet, an dieser Spitze liegt der kleine kreisrunde, mit kurzen Härchen gewimperte After. Die Sporne der vier hinteren Schienen sind an der inneren Seite (die dem 1. Tarsengliede zugekehrt ist) sehr kurz gekämmt. Die Krallen sind einfach.

Weibchen und Männchen sind aus dem Bernsteine noch unbekannt.

Die drei nachfolgend beschriebenen Arten unterscheiden sich besonders durch folgende Merkmale:

1. Keine Ocellen am Scheitel; Thorax nicht eingeschnürt 2
   Drei Ocellen; Thorax hinter der Mitte breit sattelförmig eingeschnürt *C. constrictus.*
2. Thorax-Rücken von vorne nach hinten bogig gekrümmt . . . . . . *C. Mengei.*
   — — vom Vorderrande des Mesonotum bis zum Ende der
   Basalfläche des Metanotum gerade . . . . *C. igneus.*

1. Camponotus Mengei n. sp.
Fig. 1, 8.

Operaria: Long. corp. 6—7.5 mm. Subtilissime disperse adpresae pubescens; caput pilis nonnullis longis erectis, abdomen sparse abstante pilosum, thorax, femora et tibiae absque pilis abstantibus; subtilissime coriaceo-rugulosa, mandibulis disperse punctatis, clypeo, fronte antice et genis dispersissime non profunde punctatis, abdomine subtilissime et densissime transversim ruguloso; clypeus haud aut subtiliter carinatus, margine antico arcuato; vertex absque ocellis; thorax supra longitrorsum arcuatus, absque strictura; metanotum spiraculis minutis ad metanoti margines laterales sitis; petioli squama ovata, margine superiore arcuato.

In der Sammlung der phys.-ökon. Gesellschaft 3 Stücke (Nr. 29, 51, 627), in Coll. Berendt 1 Stück, in Coll. Menge 3 Stücke, Coll. Brischke 1 Stück, Coll. Klinsmann 1 Stück, Coll. Mayr 1 Stück.

Arbeiter: Braunschwarz, die Fühler und Tarsen braun oder mehr bräunlich-gelb. Die anliegende Behaarung ist äusserst fein, sehr kurz und zerstreut. An der Oberseite des Kopfes, am Hinterleibe und an den Hüften finden sich aufrechte, lange, ziemlich steife, spitzige Haare spärlich vertheilt, am Thorax, an den Schenkeln und an den Schienen sind keine abstehenden Haare; die Spitze des Fühlerschaftes hat einige steile Haare; die Taster sind reichlich lang behaart. Die Skulptur ist eine sehr feine lederartige, theilweise mehr streifige Runzelung, der Hinterleib ist deutlich sehr fein und dicht quergerunzelt. Der Kopf ist, die Oberkiefer abgerechnet, gerundet-viereckig. Die Mandibeln sind ziemlich grob-, nicht dicht punktirt, sie sind nicht breit, deren Vorder- (Aussen-) und Hinter- (Innen-) Rand einander ziemlich parallel und der nicht lange Kaurand hat 4—5 Zähne. Die Kiefertaster sind lang. Der Clypeus, die Stirn zwischen den Stirnleisten und die Wangen haben ausser der feinen Runzelung noch ziemlich seichte, zerstreute Punkte (welche an dem Stücke Nro. 29 der phys. ök. Gesellschaft besonders schön zu sehen sind). Der Clypeus hat keinen oder nur einen undeutlichen Mittellängskiel, er ist vorne in der Mitte weiter nach vorne gezogen als an den Mandibelgelenken, hat aber einen gleichmässig bogigen Vorderrand. Die Stirnleisten sind von einander mässig entfernt. Die Fühler sind ziemlich dünn, ihr langer Schaft überragt (wenn man sich denselben nach rückwärts gelegt denkt,) den Hinterrand des Kopfes. Das Stirnfeld ist sehr schwach ausgeprägt und ist bei einigen Exemplaren kaum angedeutet zu sehen. Die Netzaugen stehen etwas hinter der Mitte der Kopfseiten. Die Punktaugen fehlen. Der Hinterrand des Kopfes ist nur sehr schwach bogig ausgerandet. Der Thorax ist oben von vorne nach hinten (bis zum hinteren abgerundeten Ende des Basaltheils des Metanotum) bogig gekrümmt und hat keine Einschnürung zwischen dem Mesonotum und Metanotum, obschon die Nähte deutlich zu sehen sind. Der Basaltheil des Metanotum bildet mit dem schiefen abschüssigen Theile einen abgerundeten stumpfen Winkel. Die Athemlöcher am Metanotum sind ziemlich klein und liegen an den abgerundeten Rändern zwischen der abschüssigen Fläche und den Seiten des Metanotum. Das Stielchen trägt oben eine fast aufrechte, doch etwas nach vorne geneigte, hinten etwas mehr als vorne zusammengedrückte ovale Schuppe. Die Schenkel und Schienen haben keine Längsfurche, welche nemlich bei manchen recenten Arten vorkömmt.

Diese Art hat die grösste Aehnlichkeit mit Camponotus sylvaticus Ol., unterscheidet sich aber von dieser durch die sehr spärliche Behaarung, durch die etwas anders geformte Schuppe und durch die andere Skulptur des Kopfes.

2. Camponotus igneus n. sp.
Fig. 9, 10.

Operaria: Long. corp. 7—7.5ᵐᵐ. Camponoto Mengei proxima differt solummodo mesonoto et metanoti parte basali rectis, horizontalibus, et angulo inter metanoti partem basalem et declivem magis distincto.

Coll. Menge 2 Stücke.

Arbeiter. Der Thorax ist oben vom Vorderrande des Mesonotum bis zum hinteren Ende des Basaltheiles des Metanotum ganz gerade und der Winkel, den der Basal- und der abschüssige Theil des Metanotum mitsammen bilden, ist ein weniger stumpfer und etwas weniger abgerundet als bei Camp. Mengei. Mit Ausnahme dieser Merkmale finde ich aber weder in der Form der übrigen Körpertheile, noch in der Skulptur oder Behaarung eine wesentliche Abweichung von Camp. Mengei, nur die Färbung des Körpers ist eine hellrothe und die Beine sind blässer.

Merkwürdigerweise haben beide mir vorliegenden Exemplare einzelne Haare am Scheitel, welche an der Basis von einem Luftbläschen umhüllt sind, welche Bläschen täuschend Nebenaugen ähnlich sehen, und nur dadurch von Ocellen zu unterscheiden sind, dass aus jedem solchen Bläschen ein abstehendes Haar entspringt (was bei Punktaugen niemals der Fall ist), und die Bläschen doch nicht in richtiger Lage im Dreieck gestellt sind. Die Täuschung wird bei diesen Stücken noch dadurch vermehrt, dass bei beiden der Scheitel nicht in seinem ganzen Umfange gleich gut zu sehen ist, so dass man an dem Symmetriegesetze keinen guten Anhaltspunkt hat.

Obschon der Thorax von Camp. Mengei und igneus so verschieden geformt ist, so war es mir doch bei 2 oder 3 ungünstig in Bernstein gelegenen Stücken schwierig, zu entscheiden, ob sie zu der einen oder der anderen Art gehören.

3. Camponotus constrictus n. sp.

Fig. 11.

Operaria: Long. corp. 6—14 mm. Sparsissime breviter abstante pilosa, subtilissime pubescens; mandibulae longitudinaliter striatae, caput subtilissime et densissime rugulosopunctulatum, thorax eodem modo punctato-rugulosus; caput thorace latius, aut permagnum et subcordiforme (in operaria majori), aut magnum quadrangulari-ovatum (in operaria minori); oculi minuti, superi approximati (in oper. majori) aut fere laterales (in oper. minori); vertex ocellis tribus distinctissimis approximatis; clypeus carina acuta longitudinali mediana, antice productus, margine antico in medio recto, transverso, utrimque fortiter emarginato (operar. maj.), aut margine antico magis arcuato, utrimque emarginato (oper. min.); thorax elongatus pone medium late constrictus; metanotum spiraculis duobus magnis linearibus, paulo ante metanoti medium in ejusdem parte superiori sitis; petiolus supra cum nodo crasso, antice et supra rotundato, postice magis deplanato; pedes longi.

In der phys.-ök. Gesellsch. 1 Stück (Nro. 67), Coll. Berendt 1 Stück, Coll. Klinsmann 1 Stück, Coll. Menge 1 Stück, Coll. Mayr 1 Stück.

Arbeiter. Von schwarzbrauner Farbe, sehr spärlich (bei manchen Stücken fast nur der Hinterleib) mit steifen, aufrechten Haaren besetzt, der Schaft und die Beine sind mit kurzen, abstehenden, steifen Haaren spärlich versehen. Die anliegende Pubescenz ist sehr fein. Wie bei vielen recenten Arten dieser Gattung sind grosse und kleine Arbeiter zu unterscheiden, welche aber nicht, wie diess bei der Gattung Pheidole vorkömmt, scharf gesondert sind, sondern durch Uebergangsglieder in einander übergehen. Die grossen Arbeiter haben, mit hinzugerechneten Mandibeln, einen fast herzförmigen, sehr grossen Kopf mit stark bogig ausgebuchtetem Hinterrande, der Clypeus ist vorne in der Mitte lappenartig vorgezogen, welcher Lappen beiderseits eckig ist und einen geraden Vorderrand hat; die ziemlich kleinen Netzaugen stehen nicht an den Seitenrändern des Kopfes, sondern an der Oberseite des Kopfes. Bei dem kleinsten Arbeiter hingegen ist der Kopf nicht viel breiter als der Thorax, er ist oval, hinten kaum ausgerandet; der Clypeus ist in der Mitte wol auch, doch weniger vorgezogen und der Vorderrand ist bogig gekrümmt, an den Seiten mässig ausgerandet; die Netzaugen stehen an den Seitenrändern des Kopfes, schon ziemlich nahe den stark abgerundeten Hinterecken des Kopfes. Zwischen diesen 2 Formen des grössten und kleinsten Arbeiters finden sich allmähliche Uebergänge vor.

Der Kopf und Thorax ist bei dem grossen Arbeiter fein und sehr dicht fingerhutartig punktirt, beim kleinen Arbeiter hingegen mehr netzartig-gerunzelt, indem beim letzteren die Pünktchen ziemlich flach sind, wärend sie beim grossen Arbeiter stark concav sind, doch ist beides nur bei stärkerer Vergrösserung zu sehen. Die Skulptur des Hinterleibes kann ich nicht sicher ermitteln. Die Mandibeln sind dreieckig, gross und dicht längsgestreift. Der ziemlich flache Clypeus ist fein längsgerunzelt und in der Mitte mit einem scharfen Längskiele versehen, sein Vorderrand ist mit sehr kurzen Bürstchen gewimpert. Die Stirnleisten sind stark einander genähert. Am vorderen Theile des Scheitels stehen drei einander stark genäherte Ocellen im Dreiecke, wodurch diese Art von allen bereits bekannten Camponotus-Arten ausgezeichnet ist. Der Fühlerschaft ist beim mittleren und kleinen Arbeiter lang und den Hinterrand des Kopfes weit überragend, die Länge desselben beim grossen Arbeiter ist mir nicht bekannt, da der einzige mir vorliegende grosse Arbeiter (in Coll. Menge) keine Fühler mehr besitzt. Der Thorax ist hinter der Mitte stark sattelförmig zusammengezogen. Die Athemlöcher des Mesonotum stehen von dem Hinterrande des Mesonotum etwas entfernt und liegen einander nahe an der Oberseite des Thorax. Das gewölbte Metanotum hat die schmalen spaltförmigen Athemlöcher etwas vor seiner Mitte ziemlich hoch oben gelegen. Das Stielchen trägt oben einen dicken Knoten, oder, wie man auch sagen könnte, eine sehr dicke Schuppe, welche fast so hoch als das Metanotum ist, mit einer vorderen stark und hinteren weniger gewölbten Fläche und mit dickem abgerundeten Rande. Die Beine sind lang, die Schienen und Schenkel haben keine Längsfurchen.

Eine Verwechslung dieser Art mit der nachfolgend beschriebenen Formica Flori m. wäre immerhin möglich, wenn die Kopftheile nicht deutlich sichtbar sind, doch geben der dicke Knoten des Stielchens und die viel kürzeren Sporen der Schienen auch in diesem Falle hinreichende Merkmale zur Unterscheidung von Formica Flori. Zu bemerken wäre noch, dass beim kleinen Arbeiter die Fühler dem Clypeusrande näher entspringen als es bei Camponotus gewöhnlich ist, so dass eine Verwechslung mit der Gattung Formica nicht unmöglich ist, da überdiess bei dieser Art Ocellen vorhanden sind; doch geben die S förmigen Stirnleisten, die nicht in die Fühlergruben übergehenden Schildgruben und das undeutlich abgegrenzte im Verhältniss zur Länge breitere Stirnfeld deutliche Anhaltspunkte zur Unterscheidung von Formica.

Diese interessante Art ist durch die Form des Thorax mit Camp. intrepidus Kirby, welche in Neuholland lebt, am nächsten verwandt, wärend sie wegen dem mehr flachgedrückten Kopfe mit den flachen, ziemlich kleinen und einander näher gerückten Augen, so wie auch wegen den mehr genäherten Stirnleisten beim grossen Arbeiter mehr dem auf den Sunda-Inseln lebenden Camp. singularis Smith ähnlich ist. Obschon bei keinem recenten Camponotus-Arbeiter 3 Ocellen entwickelt sind, denn nur der grosse Arbeiter von Camp. gigas Ltr. hat ein einziges Punktauge, und der grosse Arbeiter von Camp. intrepidus Kirby hat zwei bis drei unentwickelte Ocellen, so ist Camp. constrictus die einzige Camponotus-Art, deren grosse und kleine Arbeiter 3 deutlich gebildete Punktaugen haben.

2. **Oecophylla** Smith.

Operaria: Caput subcordatum. Mandibulae triangulares, margine masticatorio acute denticulato, antice dente magno. Clypeus transversim fornicatus, absque carina mediana, antrorsum productus, margine antico arcuato. Fossa clypealis separata a fossa antennali. Laminae frontales subparallelae. Antennae longae 12-articulatae oriuntur a clypeo remotae, scapo gracili, funiculi articulis basalibus elongatis, apicalibus brevibus et crassiusculis, funiculi articulo basali longiore secundo. Ocelli nulli. Thorax muticus pone medium constrictus. Petiolus pedunculiformis absque squama. Anus circularis, minutus, apicalis, supra pilis nonnullis longis ciliatus.

Arbeiter. Der Kopf ist auch ohne den Mandibeln fast herzförmig, vorne schmal, hinten breit, mit stark abgerundeten Hinterecken. Die Mandibeln sind wegen dem sehr langen Kaurande sehr breit dreieckig, ihre vordere Spitze ist in einen ziemlich grossen gekrümmten Zahn verlängert, wärend die scharfen Zähne des Kaurandes viel kleiner sind. Die Taster sind bei den mir vorliegenden Stücken nicht deutlich zu sehen, bei der recenten Art sind die Kiefertaster fünf-, die Lippentaster viergliedrig. Der grosse Clypeus ist fast trapezförmig, doch mit sehr stark abgerundeten Hinterecken und vorne mässig bogig verlängert, er ist in der Quere stark gewölbt und hat keinen Mittellängskiel; der bogige Vorderrand bedeckt bei geschlossenen Oberkiefern den Hinter- (Innen) Rand derselben und schliesst sich knapp an diese an. Die Stirnleisten sind einander ziemlich parallel, bei der Bernsteinart ziemlich kurz, nach hinten divergirend. Die ziemlich kleinen aber tiefen Schildgruben sind deutlich von den Fühlergruben getrennt. Die langen 12gliedrigen Fühler entspringen hinter dem Clypeus, von diesem etwas entfernt; deren Schaft überragt den Hinterrand des Kopfes und ist am Ende dicker als am Grunde; die Geissel ist an der Spitze unbedeutend dicker als am Grunde, ihr erstes Glied ist das längste, die folgenden nehmen bis zum vorletzten allmählich an Länge ab, das letzte spindelförmige Glied ist wieder länger als das vorletzte. Das Stirnfeld ist dreieckig. Die Netzaugen sind mässig gross und liegen in der Mitte der Kopfseiten. Die Ocellen fehlen. Der Thorax ist, ähnlich wie bei Camponotus constrictus, hinter der Mitte breit zusammengezogen und oben daher sattelförmig eingedrückt. Das Stielchen ist länger als breit, trägt keine Schuppe und hat oben, bei der Bernsteinart, einen gerundeten Höcker. Der Hinterleib ist eiförmig mit deutlichen fünf oberen Segmenten. Der an der Hinterleibsspitze liegende After ist sehr klein, kreisrund und oben mit einigen Haaren gewimpert. Die Beine sind lang; die Sporne der' vier hinteren Schienen sehr kurz und dornförmig; die Krallen sind einfach.

1. **Oecophylla Brischkei** n. sp.
Fig. 12, 13.

Operaria: Long. corp. 4.7 — 9.5 mm. Subunda, subtilissime coriaceo-rugulosa; mandibulae delicatule et dense striolatae; petiolus paulo longior quam ,in medio latior, supra cum nodo humili transverso-subsemigloboso.

Im Berliner Museum 1 Stück Nro. 48 (ohne Stielchen und Hinterleib), in Coll. Berendt ein Stück, in Coll. Brischke 1 Stück, Coll. Menge 1 Stück, Coll. Mayr 1 Stück.

Von den beiden Letztgenannten ist das kleinere Stück gelb, das grosse braungelb, jenes im Berliner Museum fast kastanienbraun und das Stück in der Sammlung des Herrn Brischke dunkelbraun. Der Körper hat keine abstehenden Haare, nur die Hüften und die Unterseite des Hinterleibes haben einige lange abstehende Haare. Am Ende des Fühlerschaftes, an der Beugeseite der Schienen und an den Tarsen findet sich deutlich eine feine kurze, etwas abstehende, ziemlich reichliche Pubescenz. Die Skulptur ist eine sehr feine lederartige Runzelung, welche am Kopfe mehr in die fingerhutartige Punktirung übergeht, wärend der Clypeus mehr längs-, und der Hinterleib mehr quergerunzelt ist. Die Mandibeln sind fein und dicht längsgestreift mit feinen zerstreuten Punkten. Die Stirnleisten sind ziemlich gerade, hinten nach aussen gebogen, wärend sie bei der recenten Oec. smaragdina Fabr.

schwach S förmig gebogen sind, auch sind sie bei der Bernsteinart kürzer und etwas mehr von einander entfernt als bei der jetzt lebenden Art. Die Fühler sind kürzer als bei der recenten Art, der Schaft ist am Ende weniger deutlich abgegrenzt keulig verdickt; das erste Geisselglied ist nur wenig länger als das zweite Glied, wärend es bei Oec. smaragdina länger ist als das 2. und 3. Geisselglied zusammen, auch die letzteren Glieder der Geissel sind im Verhältnisse zur Dicke kürzer, so dass die zwei vorletzten Glieder ebenso lang als dick sind, wärend sie bei der recenten Art deutlich länger als dick sind. Der Scheitel ist bei der Bernsteinart hinten so gewölbt, dass man das Kopf-Thoraxgelenk von oben nicht sieht, bei Oec. smaragdina hingegen ist die obere Hälfte des kielförmigen Randes des Hinterhauptloches vollkommen gut zu sehen. Der Thorax scheint hinter der Mitte etwas weniger stark eingeschnürt zu sein als bei der recenten Art. Ein Hauptunterschied findet sich aber am Stielchen. Wärend bei Oec. smaragdina das Stielchen langgestreckt ist und oben nahe dem hinteren Ende nur eine schwache Erhöhung hat, so ist bei Oec. Brischkei das Stielchen viel kürzer, nur wenig länger als in der Mitte breit und hat oben in der Mitte eine fast halbkugelige Erhöhung. Die Beine sind bei der Bernsteinart auch kürzer. Ein Stück hat eine Länge von wenigstens 7^{mm} (wärend die übrigen 3 Stücke 4.7—5^{mm} lang sind) ist aber so schlecht erhalten, dass nur der hintere Theil des Thorax, das Stielchen und der Hinterleib zu sehen sind.

3. Prenolepis Mayr.

Operaria: Mandibulae triangulares, margine masticatorio dentati. Palpi maxillares sexarticulati. Clypeus fortiter, praecipue transversim tectiforme, convexus. Fossa clypealis parva distincte separata a fossa antennali minuta. Laminae frontales rectae modice approximatae, haud longae. Antennae elongatae 12-articulatae oriuntur ad clypei marginem posticum. Ocelli nulli. Thorax muticus pone medium constrictus. Petiolus superne cum squama. Abdomen plus minusve pyriforme, a supero visum segmentis quinque distinctis, ano apicali minuto, circulari, margine toto longe ciliato.

Femina: Caput ut in Operaria, oculis majoribus et ocellis tribus. Thorax incrassatus brevis. Petiolus supra cum squama. Abdomen magnum ovatum. Anus ut in Operaria.

Mas: Caput rotundatum, supra, praecipue antice, fortiter convexum. Mandibulae deplanatae, angustae, marginibus subparallelis, apice dentiformi. Palpi maxillares sexarticulati. Clypeus convexus. Fossa clypealis separata a fossa antennali. Antennae 13-articulatae, scapo elongato capitis marginem posticum superanti, funiculo filiformi articulis subaequalibus, articulo basali paulo breviore secundo, articulo apicali fere duplo longiore penultimo. Petiolus supra cum squama rotundata antrorsum inclinata aut suberecta. Genitalium valvulae externae elongato-triangulares. Pedes graciles, elongati.

Alae anticae cum cellula cubitali una, discoidali nulla (aut incomplete clausa), radiali clausa.

Arbeiter. Der Kopf ist, auch ohne Mandibeln, ziemlich gerundet, hinten deutlich breiter als vorne und hinten breiter als der Thorax. Die Mandibeln sind breit, dreieckig, mit gezähntem langen Kaurande. Die Maxillartaster sind sechsgliedrig und lang, die Lippentaster viergliedrig. Der Clypeus ist von einer Seite zur anderen stark-, besonders dachförmig gewölbt, von vorne nach hinten bogig gewölbt, er tritt mit seinem mittleren Theile um so viel mehr als seine Seitenecken vor, dass, wenn man sich dessen beide Seitenecken durch eine gerade Linie verbunden denkt, derselbe halbirt wird, so dass die vordere Hälfte vor dieser Linie, die hintere hinter derselben zu liegen kommt, und da der Vorderrand sehr bogig ist und die Hinterecken des Clypeus sehr stark abgerundet sind, so haben auch diese beiden Hälften (nemlich diese vordere und hintere) nahezu dieselbe Form. Der Clypeus hat keinen eigentlichen Mittellängskiel. Die kleinen Schildgruben sind nur an den Seiten des Clypeus selbst eingedrückt und setzen sich nicht darüber hinaus fort, so dass sie daher nicht mit den ziemlich seichten Fühlergruben in Verbindung stehen. Die Stirnleisten sind nicht lang, sie sind einander parallel und wenig von einander entfernt. Die 12 gliedrigen Fühler entspringen an den stark abgerundeten Hinterecken des Clypeus, sie zeichnen sich durch Schlankheit und ziemliche Länge aus. Das dreieckige Stirnfeld ist ziemlich seicht eingedrückt. Die Ocellen fehlen. Die ovalen flachen Netzaugen liegen etwas hinter der Mitte der Kopfseiten, ein wenig an die Oberseite des Kopfes gerückt. Der Hinterrand des Kopfes ist kaum breitbogig ausgerandet. Der Thorax ist (bei der Bernsteinart) in der Mitte sehr stark eingeschnürt. Das Stielchen hat oben eine nach vorne geneigte Schuppe. Der Hinterleib ist fast birnförmig, an der Vorderhälfte am breitesten, hinten spitzig zulaufend, er zeigt, von oben gesehen, alle fünf Segmente und am Ende den kleinen kreisrunden mit langen Haaren ringsum gewimperten After. Die Beine sind dünn und lang, die vier hinteren Tibien haben dornförmige Sporne, welche bei Anwendung des Mikroskopes sich ringsum mit feinen Dörnchen besetzt zeigen.

Weibchen. Der Kopf ist fast ebenso geformt und seine einzelnen Theile sind ebenso beschaffen wie beim Arbeiter, nur sind die Netzaugen grösser, der Scheitel trägt drei Ocellen und die Stirnleisten sind länger und mehr von einander entferut. Der Thorax ist ziemlich dick und kurz. Das Stielchen trägt oben eine Schuppe, welche ziemlich aufrecht ist. Der Hinterleib ist eiförmig, gross, dick, und an seinem hinteren Ende findet sich der After, welcher wie beim Arbeiter beschaffen ist.

Männchen. Der Kopf ist rundlich, oben ziemlich stark gewölbt, hinten wenig oder nicht ausgerandet. Die Mandibeln sind klein, depress, schmal, mit fast parallelen Rändern und undeutlichem schneidigen ungezähnten Kaurande; das Ende der Mandibeln ist mehr oder weniger spitzig. Die Taster sind wie beim Arbeiter und Weibchen, ebenso der Clypeus, die Schild- und Fühlergruben. Die Stirnleisten sind nicht lang, nach hinten etwas divergirend. Die 13 gliedrigen Fühler sind dünn und lang, sie entspringen am Hinterrande des Clypeus; der Schaft überragt den Hinterrand des Kopfes; die Geissel ist fast fadenförmig, ihre ersteren Glieder sind gleichlang und etwas kürzer als die auch gleichlangen letzteren Glieder, nur das Basalglied ist etwas kürzer als das zweite Glied und kaum verdickt*), das Endglied hingegen ist das längste von allen, und $1^1/_2$ mal so lang als das vorletzte Glied. Die Netzaugen sind gross und fast halbkugelig. Der Thorax ist mässig hoch. Das Stielchen trägt oben eine viereckig-gerundete, geneigte oder fast aufrechte Schuppe. Der Hinterleib ist länglich, ziemlich birnförmig, vorne mehr oder weniger deutlich gestutzt. Die Beine sind lang und dünn, die Sporne sind wie beim Arbeiter. Die äusseren Genitalklappen sind sehr schmal.

Diese Gattung ist leicht mit *Lasius* zu verwechseln, da das Hauptmerkmal, die von einander vollständig getrennten Schild- und Fühlergruben, an den Bernsteinstücken oft sehr undeutlich zu sehen ist. Doch gibt es noch andere Anhaltspunkte, welche bei einiger Uebung eine sichere Unterscheidung dieser zwei Gattungen zulassen.

Beim Arbeiter von Prenolepis ist der Clypeus viel mehr gewölbt, ebenso der Kopf mehr convex, die Stirnleisten sind fast parallel und näher an einander gerückt, daher auch

---

*) Ein wundervoll erhaltenes Stück von P. Henschel, welches sicher zu dieser Gattung gehört, weicht dadurch ab, dass das erste Geisselglied genau so lang ist, wie das zweite Glied.

die Fühler näher beisammen stehen; die Fühler und Beine sind schlanker, die Ocellen fehlen, die Schuppe des Stielchens ist bei der Bernsteinart stark nach vorne geneigt und niedrig, der Hinterleib ist hinten spitziger und die Behaarung des Körpers ist eine andere als bei Lasius.

Das Weibchen verhält sich fast ebenso wie der Arbeiter.

Das Männchen von Prenolepis zeichnet sich durch den mehr rundlichen, viel stärker gewölbten Kopf, durch die schmalen Oberkiefer, durch den stark gewölbten Clypeus und durch das erste Geisselglied, welches etwas kürzer oder ebenso lang als das zweite ist, von Lasius aus, bei welcher Gattung das Männchen einen ziemlich fünfeckigen flachen Kopf hat, ferner sind die Oberkiefer viel breiter gegen den gezähnten oder ungezähnten Kaurand, der Clypeus ist viel flacher und das erste Geisselglied ist etwas länger als das zweite Glied.

Bei allen Bernsteinstücken fehlt an den Vorderflügeln die Costa recurrens, bei den recenten Arten fehlt sie entweder ebenfalls oder es ist nur ein Stück derselben vorhanden.

1. **Prenolepis Henschei** n. sp.
Fig. 14—17.

Operaria: Long. corp. 2.2—2.8 mm. Nitida, sublaevis; caput et abdomen copiosius, thorax sparsim pilis hispidis longis erectis, antennae atque pedes pilis brevioribus, parum abstantibus; palpi maxillares perlongi; scapus longus capitis marginem posticum superans; funiculi articuli omnes longiores quam crassiores, articulus basalis secundo et tertio ad unum aequilongus; thorax in medio fortiter constrictus, ibidem distincte longitrorsum carinulatus; petioli squama fortiter antrorsum inclinata, humilis, margine integro, rotundato; abdomen supra antice productus petiolum tegens.

In der physik.-ökon. Gesellsch. 35 Stücke (Nr. 8, 48, 94, 96, 101, 104, 124, 141, 147, 148, 176, 183, 192, 197, 202, 211, 239, 241, 261, 272. 342, 343, 354, 358, 363, 368, 387, 402, 404, 484, 486, 541, 586, 591, 613), im Berliner Museum 4 Stücke Nr. 29, 37, 39, 46, im min. Hofkabinete in Wien 1 Stück, in Coll. Berendt 4 Stücke, Coll. Duisburg 1 Stück (Nr. 7), Coll. Klinsmann 1 Stück, Coll. Mayr 3 Stücke, Coll. Meier 2 Stücke, Coll. Menge 3 Stücke, Coll. Schiefferdecker 3 Stücke (Nr. 2, 15, 30), Coll. Sommerfeldt 3 Stücke (Nr. 1, 17, 18).

Mas.: Long. corp. 2.8 mm. Nitidus, sublaevis, pubescens, longe erecte pilosus, mandibulis et antennis pilis brevibus, copiosis, parum abstantibus; petioli squama fortiter antrorsum inclinata.

1 Stück (Nr. 603) in der Sammlung der physik.-ökon. Gesellschaft, in Coll. Berendt 3 Stücke, in Coll. Menge 1 Stück, 1 Stück in Coll. Brischke, 1 Stück in Coll. Sommerfeldt (Nr. 2).

Arbeiter. Die meisten Exemplare sind röthlichgelb oder gelbroth mit allen Uebergängen durch Braun bis zu den zersetzten schwarzen Stücken. (Das Exemplar Nr. 402 der phys.-ökon. Ges. hat einen rothgelben Hinterleib mit je einer dunkelbraunen Querbinde an jedem Segmente, es ist diess eine Färbung, welche sicher erst nach dem Tode des Thieres entstanden ist). Der glänzende Körper ist mit steifen langen aufrechten Haaren besetzt und zwar sind diese am Hinterleibe am reichlichsten, am Kopfe weniger reichlich und am Thorax ziemlich spärlich vertheilt; überdiess finden sich noch am Kopfe, am Thorax und am Hinterleibe wenige kurze anliegende Häärchen. Die Fühler haben eine reichliche, die Beine eine spärlichere, mehr oder weniger abstehende, kürzere Behaarung. Die langen Kiefertaster reichen bis an die Vorderbrust. Kopf, Thorax und Hinterleib sind fast glatt, nur sehr zerstreute Punkte, aus denen die Haare entspringen, sind deutlich zu sehen; bei manchen Exemplaren sind an der Stirn zunächst den Stirnleisten einzelne sehr feine Längsstreifen genau sichtbar. Die Fühler sind lang gestreckt; der dünne Schaft überragt weit den Hinterrand des Kopfes; die Geissel ist am Ende etwas dicker als am Grunde, das Basalglied und das Endglied sind die längsten, das erstere ist so lang wie das zweite und dritte Geisselglied zusammen, das zweite Glied ist das kürzeste und dünnste, die folgenden nehmen bis zum vorletzten allmälig etwas an Grösse zu; alle Glieder sind länger als dick. Der Thorax ist in der Mitte sehr stark zusammengeschnürt, wie diess in solcher Weise bei keiner anderen Bernsteinart vorkömmt; diese Einschnürung fällt nicht mit der Meso-Metanotalnaht zusammen, sondern liegt vor dieser am Mesonotum selbst; hinter der tiefsten Stelle der Einschnürung erhebt sich das Mesonotum schief nach hinten und oben und hat daselbst nahe der Einschnürung die nahe nebeneinander stehenden Athemlöcher an seinem hinteren Rande. Hinter dem Mesonotum und der undeutlichen Meso-Metanotalnaht setzt sich der Basaltheil des Metanotum in derselben Richtung nach hinten und oben fort, wie der hintere Theil des Mesonotum, und geht bogig in den schief nach hinten und unten gerichteten, flachen abschüssigen Theil über; die Grenze zwischen dem Basal- und abschüssigen Theile ist der höchste Theil des Metanotum. Die Einschnürung des Thorax ist mit starken, an den Seiten ziemlich langen nahe neben einander verlaufenden *Längskielchen* versehen, wodurch sich diese Art leicht von den Arten der Gattung Lasius unterscheidet. Die Athemlöcher des Metanotum liegen ziemlich in der Mitte der abgerundeten Ränder zwischen der abschüssigen Fläche und den Seiten des Metanotum. Das Stielchen hat eine stark schief nach vorne geneigte und dadurch niedrige, von der Seite gesehen, keilförmige Schuppe mit gerundetem Rande. Der fast birnförmige Hinterleib bedeckt mit seinem breiten vorderen Theile den grössten Theil der Schuppe, so dass er daher in Bezug auf das sonst gewöhnlich am vordersten Ende des Hinterleibes gelegene Stielchen — Hinterleibsgelenk nach vorne erweitert ist. Jene Stelle des Hinterleibes, welche die Schuppe bedeckt, ist dieser entsprechend eingedrückt, so dass bei manchen schön erhaltenen Stücken der Vorderrand des Hinterleibes 2 abgerundete Eckchen zeigt, die den Eindruck vorne oben begrenzen.

Männchen. Braun, die Mandibeln, Taster und Tarsen, mehr oder weniger auch die Beine gelb oder braungelb. Die Behaarung des Kopfes, des Thorax und des Hinterleibes ist sehr lang und nicht reichlich, überdiess ist eine kurze, ziemlich anliegende Pubescenz sichtbar. Die Oberkiefer haben eine ziemlich lange abstehende Behaarung, die Fühler und Beine sind reichlich, kurz, etwas abstehend behaart, die Beine haben überdiess einzelne lange, stark abstehende Borstenhaare. Die Oberfläche des Körpers ist glatt oder fast glatt, am Thorax sehe ich zerstreute feine Punkte, aus welchen die anliegenden Häärchen entspringen. Schuppe des Stielchens ist wie beim Arbeiter stark nach vorne geneigt, wodurch sich die Männchen dieser Art von denen von Lasius Schiefferdeckeri, die denselben sehr ähnlich sind, insbesondere unterscheiden; doch sei hier bemerkt, dass man sich leicht irren kann, wenn man den unteren Rand des Stielchens nicht sieht, und das Stielchen nicht in gleicher Richtung mit dem Thorax und Hinterleibe liegt, wie diess bei dem Stücke der Coll. Menge der Fall ist.

Diese Art hat eine grosse Aehnlichkeit mit der europäischen P. nitens Mayr, ist aber viel kleiner als die recente Art.

2. Prenolepis pygmaea n. sp
Fig. 18.

Mas.: Long. corp. 1.5—1.7 mm. Nitidus, subtilissime punctato-rugulosus, adpresse pubescens, sparsissime abstante pilosus, antennis pilis copiosis brevibus paulo abstantibus; petioli squama suberecta. In der phys.-ökon. Ges. 11 Stücke (Nr. 205, 207, 208, 217, 330, 453, 472, 495, 549, 605, 643), in Coll. Menge 6 Stücke, in Coll. Schiefferdecker 1 Stück (Nr. 8), in Coll. Mayr 1 Stück, Coll. Berendt 1 Stück.

Femina: Long. corp. vix 4 mm. Nitida, haud longe erecte pilosa, subtiliter punctulato-rugulosa; petioli squama erecta, paulo altior quam latior, marginibus lateralibus paulo arcuatis et margine superiori modice emarginato; alae anticae longit. 3 mm. In der phys.-ökon. Ges. 1 Stück (Nr. 628), in Coll. Menge 1 Exemplar mit einem Männchen dieser Art in einem Bernsteinstücke.

Ich habe die Diagnose des Männchens vorausgestellt, weil ich auf dieses, welches von mir besser untersucht ist, die Species begründen möchte, indem die zwei von mir untersuchten Weibchen nicht sehr deutlich sind und weil ich auch nicht sicher bin, dass dieselben zu diesen Männchen gehören. Ich habe sie mit diesen vereinigt, weil sie wegen ihrer zu geringen Grösse zu Pren. Henschei nicht passen, aber ganz gut zu dieser Art gehören können, so wie auch nicht unerwähnt bleiben darf, dass ein Bernsteinstück in der Sammlung des Herrn Menge ein solches Weibchen und ein Männchen enthält.

Männchen. Von dem Männchen der vorhergehenden Art ist dasselbe durch die geringere Körpergrösse und durch die viel spärlichere abstehende lange Behaarung unterschieden, indem der Kopf fast nur vorne lange abstehende Haare hat, der Thorax keine solchen oder nur einige wenige besitzt, nur der Hinterleib hat unten und hinten an der Oberseite eine mässig reichliche abstehende Behaarung; die Beine haben keine abstehenden langen Haare. Eine deutliche sehr feine lederartige Runzelung ist an mehreren Stücken theilweise zu sehen. Die Farbe des Körpers ist heller oder dunkler braun, die Mandibeln, Fühler und Beine sind mehr oder weniger gelb.

Weibchen. Gelb oder bräunlich gelb, glänzend, fein punktirt-gerunzelt, mit einer aufrechten, nicht langen, mässig reichlichen Behaarung und einer reichlichen, anliegenden, feinen Pubescenz; die Beine sind wol reichlich pubescent, doch scheinen sie keine langen abstehenden Haare zu haben. Die Schuppe des Stielchens ist aufrecht (nur sehr wenig nach vorne geneigt), viereckig, mit abgerundeten oberen Ecken und bogig ausgerandetem oberen Rande; sowol dieser wie die Seitenränder sind mit aufrechten Haaren gewimpert. Die Flügel sind farblos mit ockergelben Rippen.

Obschon die Kopftheile der Weibchen von Prenolepis jenen der Arbeiter so ähnlich sind, so kann ich bei diesen zwei Weibchen doch zu keiner vollkommenen Sicherheit gelangen, dass sie zu dieser Gattung gehören, denn die Schildgrube, die bei einem Exemplare deutlich zu sehen ist, geht, bei einer gewissen Stellung des Bernsteins zum Lichte, durchaus nicht in die Fühlergrube über, wärend diese bei einer anderen bestimmten Stellung zweifelhaft bleibt. Die übrigen oben angeführten Merkmale, welche den Arbeiter von Prenolepis von dem von Lasius so gut unterscheiden, sind bei diesen Weibchen theils nicht vorhanden, weil sie überhaupt bei den Weibchen nicht vorkommen, theils bei diesen nicht ganz gut erhaltenen Stücken nicht deutlich zu sehen.

4. Plagiolepis Mayr.

Operaria et Femina: Mandibulae triangulares, margine masticatorio dentato. Palpi maxillares sex-, labiales quatuor-articulati. Antennae 11-articulatae oriuntur a margine clypei postico. Vertex operariae absque ocellis. Thorax muticus. Petiolus supra aut cum nodo aut squama. Abdomen supra segmentis quinque distinctis, ano apicali minuto circulari, infundibuliformi, ciliato.

Mas: Mandibulae margine masticatorio dentato. Palpi ut in Operaria et Femina. Antennae 12-articulatae oriuntur a margine clypei postico, scapo longo, funiculi filiformis articulo basali duplo longiore secundo. Petiolus supra cum squama incrassata erecta.

Alae anticae cum cellula cubitali una, radiali clausa et discoidali nulla.

Dieses Genus ist von allen im Bernstein vertretenen Gattungen durch die bei dem Arbeiter und Weibchen *eilfgliedrigen*, beim Männchen *zwölfgliedrigen* Fühler ausgezeichnet. Es ist mit Prenolepis und Lasius zunächst verwandt, und hält in Bezug der Schild- und Fühlergruben die Mitte zwischen beiden; der Arbeiter hat keine Ocellen, wie bei Prenolepis.

Die Arbeiter der Bernsteinarten unterscheiden sich übersichtlich auf folgende Weise:

Plag. Klinsmanni: Schaft reichlich lang abstehend behaart; zweites bis sechstes Geisselglied ebenso lang oder etwas länger als dick; Stielchen mit einem dicken niedrigen Knoten. Körperlänge: 2.6—3 mm.

Plag. Künowi. Schaft ohne langen abstehenden Haaren (nur mit einigen ziemlich kurzen, etwas abstehenden Häärchen); zweites bis fünftes Geisselglied sehr kurz, wenigstens doppelt so lang als dick; Stielchen mit einer gerundeten niedrigen Schuppe, welche etwas breiter als hoch ist. Körperlänge: 1.8 mm.

Plag. squamifera: Schaft reichlich lang abstehend behaart; zweites bis viertes Geisselglied etwas dicker als lang; Stielchen mit einer hohen, dünnen, viereckigen Schuppe, welche etwas höher als breit ist. Körperlänge: 1.6—1.8 mm.

1. Plagiolepis Klinsmanni n. sp.
Fig. 19, 20.

Operaria: Long. corp. 2.6—2.8 mm. Copiose pilis longis abstantibus pilosa, modice adpresse pubescens; caput et thorax subtiliter punctata, abdomen subtiliter coriaceo-rugulosum et eodem modo punctulatum; mandibulae dispersissime punctatae; area frontalis et sulcus frontalis non impressi; antennae distantes scapo capitis marginem posticum paulo superante, funiculi articulo primo elongato, articulis 2—6 vix longioribus quam crassioribus, articulis 7—9 incrassatis, paulo crassioribus quam longioribus, articulo apicali magno; oculi paulo pone capitis laterum medietatem; thorax supra pone medium parum impressus; petiolus supra cum nodo transverso, rotundato, haud alto, paulo latiore quam altiore.

In der phys.-ökon. Ges. 4 Stücke (Nro. 117, 216, 407, 544), Coll. Klinsmann 1 Stück, Coll. Menge 1 Stück, Coll. Mayr 1 Stück, Coll. Berendt 1 Stück.

Arbeiter. Ganz gelbroth, oder braun, die Tarsen besonders gegen das Ende, manchmal auch die Fühler und die ganzen Beine braungelb oder hellkastanienbraun. Der ganze Körper ist ziemlich reichlich mit kurzen anliegenden Häärchen pubescent; der Kopf, der Thorax und der Hinterleib sind mehr oder weniger reichlich mit langen aufrechten Haaren besetzt, die Fühler und Beine haben reichliche, schief abstehende, ziemlich lange Haare. Der Kopf und der Thorax sind fein punktirt, aus welchen Punkten die anliegenden Häärchen entspringen, der Hinterleib, bei welchem sich die Punktirung weniger deutlich zeigt, ist fein lederartig gerunzelt; der Clypeus scheint mehr runzlig punktirt zu sein und hat überdiess zerstreute grosse Punkte, aus welchen die Borstenhaare entspringen. Die Mandibeln sind sehr zerstreut grob punktirt und sehr zart undeutlich längsstreifig. Der Clypeus ist breit trapezförmig, kurz, vorne mehr als doppelt so breit wie hinten, er ist gewölbt und längs der Mitte mehr oder weniger deutlich dachförmig gewölbt, vorne ragt er in der Mitte nicht weiter vor als an den Seiten. Die Schild- und Fühlergruben sind sehr seicht. Die Fühler stehen ziemlich weit von einander, ihr Schaft überragt nur wenig den Hinterrand des Kopfes, die Geissel ist an der Endhälfte keulig verdickt, und am Grunde dünn, das erste Geisselglied ist länger als die zwei nächsten Glieder zusammen, die Geisselglieder 2—6 sind so lang oder etwas länger als dick, die Glieder 7—9 sind verdickt, etwas dicker als lang, das Endglied ist dick spindelförmig und etwas länger als die zwei vorhergehenden Glieder zusammen. Das Stirnfeld und die Stirnrinne sind nicht ausgeprägt, die rirunden Augen liegen etwas hinter der Mitte der Kopfseiten. Der Hinterrand des Kopfes ist ziemlich gerade. Der Thorax ist oben etwas hinter der Mitte seicht eingeschnürt, in der Einschnürung liegen die Athemlöcher des Mesonotum. Das Stielchen hat oben einen dicken queren gerundeten Knoten, welcher vorne fast senkrecht, hinten schief abfällt.

Das Stück Nro. 407 in der Sammlung der phys.-ökon. Ges. hat den Knoten des Stielchens so gelegen, dass derselbe bei der Ansicht von oben nicht so dick, mehr schuppenförmig und mit hinten senkrechter Fläche erscheint, was aber jedenfalls nur durch die eigenthümliche Verschiebung des Stielchens hervorgebracht wird, indem das Stielchen hinten nach abwärts gedrückt ist. Solche Täuschungen kommen auch oft bei recenten auf Kartenpapier aufgeklebten kleinen Arten vor.

2. Plagiolepis singularis n. sp.

Femina: Long. corp. circiter 5.7^{mm}. Nitida, sparse abstante pilosa, modice adpresse pubescens; mandibulae punctis rudis piligeris dispersis; caput microscopice coriaceo-rugulosum, antice punctis dispersis; scapus capitis marginem posticum non attingens; funiculus articulo basali elongato basi tenui, apice modice incrassato, articulis 3—5 brevissimis, brevioribus quam crassioribus, articulo sexto paulo majori et parum breviore quam crassiore, articulis 7—9 majoribus et longioribus quam crassioribus; thorax sublaevis punctulis dispersissimis metanoti pars basalis arcuatim transit in partem declivem; petiolus supra cum nodo transverso incrassato, rotundato, latiore quam altiore; abdomen subtilissime ruguloso-punctatum.

Ein Stück in Coll. Menge.

Weibchen. Braun, glänzend, die Zähne der Oberkiefer und die Beine gelb. Der ganze Körper ist ziemlich spärlich mit abstehenden, nicht dicken Haaren besetzt; die anliegende Pubescenz ist nicht reichlich. Der Kopf ist so breit wie der Thorax, länger als breit, er ist stark glänzend und fast glatt, nur bei Anwendung einer starken Vergrösserung sieht man eine sehr feine lederartige Runzelung; am Clypeus und an den Wangen sind einzelne grössere Punkte. Der Fühlerschaft überragt wol die Netzaugen, reicht aber nicht bis zum Hinterrande des Kopfes. Das erste Geisselglied ist etwas länger als das zweite und dritte Glied zusammen, es ist am Ende etwas keulig verdickt, das zweite Glied ist etwas länger als dick und deutlich länger als das dritte Glied; die drei folgenden Glieder sind die kleinsten und deutlich dicker als lang, das sechste Glied ist deutlich grösser, aber noch so geformt wie jedes der drei vorhergehenden, die Glieder 7—9 sind noch grösser und etwas länger als dick, das etwas spindelförmige Endglied ist das längste von allen und zwar so lang als die zwei vorhergehenden zusammen. Die Fühler sind nicht weit von einander entfernt eingelenkt. Ein breites kleines Stirnfeld ist angedeutet. Der Hinterkopf ist am Hinterrande nur schwach ausgebuchtet. Der Thorax scheint glatt oder fast glatt zu sein und zeigt nur vereinzelte Punkte. Das Pronotum ist schief gestellt und erscheint, von der Seite gesehen, vorne concav, hinten convex. Das Mesonotum ist wenig gewölbt. Der Basaltheil des Metanotum geht bogig in den abschüssigen Theil über. Das Stielchen trägt oben einen dicken queren abgerundeten Knoten, welcher oben eben so dick als unten, und breiter als hoch ist. Der ziemlich grosse Hinterleib ist so lang wie der Thorax und sehr fein runzlig punktirt. Die Beine haben nur wenige abstehende Haare.

Dieses Weibchen kann ich zu keiner der anderen Bernsteinarten stellen, da es zu keiner derselben passt, denn von Plag. Klinsmanni weicht es durch die viel spärlichere Behaarung, die verschiedene Länge der Geisselglieder und durch die Skulptur des Körpers ab, von Plag. Künowi und squamifera unterscheidet es sich durch die zu bedeutende Körperlänge, durch die Behaarung, die Form der Schuppe u. s. w.

2. Plagiolepis Künowi n. sp.

Fig. 22, 23.

Operaria: Long. corp. 1.8^{mm}. Nitida, fere absque pilis abstantibus; caput laevigatum, nitidissimum punctulis subtilibus dispersis, margine postico emarginato; scapus capitis marginem posticum vix attingens; funiculi articuli 2—5 brevissimi; oculi in capitis laterum medietatem; thorax laevis, mesonoto strictura levi; petioli squama laevigata, humilis, transverso-ovata, margine rotundato; abdomen sublaeve.

In der phys.-ökon. Ges. 1 Stück (Nro. 108).

Arbeiter. Kastanienbraun, glänzend, mit einer spärlichen, anliegenden, theilweise etwas schief abstehenden Pubescenz und fast ohne abstehender langer Behaarung, nur an der Hinterhälfte des Abdomen findet sich deutlich eine spärliche abstehende Behaarung; der Schaft zeigt einige, die Geissel mehr schief abstehende nicht lange Haare. Der Kopf ist länger als breit, vorne schmäler als hinten, mit leicht ausgebuchtetem Hinterrande, er ist ziemlich flach, stark glänzend und glatt mit feinen zerstreuten Pünktchen. Der Clypeus ist hinten, nahe den Fühlergelenken, ziemlich stark gekielt. Die Mandibeln sind an dem mir vorliegenden Stücke nicht zu sehen. Die Fühler sind einander genähert, deren Schaft erreicht kaum den Hinterrand des Kopfes, das erste Geisselglied ist etwas kürzer als die vier folgenden sehr kurzen Glieder zusammen, welche wenigstens doppelt so dick als lang sind, die folgenden vom sechsten angefangen sind länger und dicker, das spindelförmige Endglied ist das grösste von allen, es ist etwas länger als die zwei vorletzten zusammen. Die Netzaugen liegen in der Mitte der Kopfseiten. Der Thorax ist glatt oder wenigstens fast glatt. Das Mesonotum hat etwas hinter der Mitte eine querfurchenartige seichte Einschnürung, welche von den Athemlöchern des Mesonotum ziemlich entfernt ist, aber diesen doch etwas näher ist als die Entfernung der Athemlöcher von einander beträgt. Der Basaltheil des Metanotum ist horizontal, der abschüssige Theil fast senkrecht, die kreisrunden Athemlöcher des Metanotum liegen an den abgerundeten Rändern zwischen der abschüssigen Fläche und den Seiten des Metanotum. Das Stielchen trägt oben eine niedrige, fast senkrechte (etwas nach vorne geneigte) Schuppe, welche von hinten gesehen, rundlich und etwas breiter als hoch ist. Der Hinterleib ist fast glatt. An den Beinen sehe ich keine langen abstehenden Haare, nur die kurze Pubescenz steht theilweise mehr oder weniger schief ab.

Diese Art steht der europäischen Plag. pygmaea Ltr. sehr nahe.

4. Plagiolepis squamifera n. sp.
Fig. 24.

Operaria. Long. corp. 1.6—1.8 ᵐᵐ Nitida; caput et thorax sparse, abdomen copiosius pilis longis erectis pilosa, antennae copiose, pedes sparse abstante pilosi; caput laevigatum punctulis dispersissimis; scapus capitis marginem posticum superans; funiculus articulis tertio et quarto paulo crassioribus quam longioribus; mesonotum pone medium constrictum; petioli squama erecta, haud incrassata, alta, paulo altior quam latior, quadrangularis, angulis superioribus rotundatis; abdomen laevigatum.

In der phys.-ökon. Ges. ein Stück (No. 235), 1 Stück in Coll. Menge.

Arbeiter. Glänzend, gelb, Kopf und Thorax rothgelb. Die aufrechte, sehr lange Behaarung ist am Kopfe und am Thorax ziemlich spärlich, am Hinterleibe jedoch viel reichlicher, die Fühler sind reichlich, die Beine spärlicher mit kurzen abstehenden Haaren besetzt. Eine Pubescenz des Körpers kann ich nicht sicher entdecken. Der gerundete Kopf ist hinten sehr schwach ausgerandet, er ist fast glatt mit einzelnen Punkten, auch die Mandibeln haben einzelne Punkte, doch kann ich nicht sehen, ob sie sonst noch eine Skulptur haben. Der Clypeus ist wie bei Pren. Klinsmanni gewölbt. Der lange, ziemlich dünne Fühlerschaft überragt deutlich den Hinterrand des Kopfes. Das erste Glied der Geissel ist gestreckt, das zweite bis vierte etwas dicker als lang, die übrigen Glieder sind grösser und besonders länger als dick, das spindelförmige Endglied ist das längste. Das Mesonotum hat oben hinter der Mitte und vor den Athemlöchern eine ziemlich starke Quereinschnürung. Der Basaltheil des Metanotum ist nach hinten etwas aufsteigend, die abschüssige Fläche ist fast senkrecht. Das Stielchen trägt oben eine hohe, aufrechte (nur sehr wenig nach vorne geneigte), dünne, viereckige Schuppe, welche so hoch als das Metanotum und etwas weniger breit als hoch ist und deren obere Ecken abgerundet sind. Bei dem Stücke der Coll. Menge ist der obere Rand der Schuppe schwach bogenförmig ausgerandet, wärend derselbe bei dem Stücke der phys.-ökon. Ges. nicht ausgerandet ist. Der eiförmige Hinterleib ist glatt.

5. Plagiolepis solitaria n. sp.

Mas.: Long. corp. 3 ᵐᵐ. Mandibulae margine masticatorio acute et distante dentato; clypeus fortiter transversim convexus; scapus capitis marginem posticum superans; funiculus filiformis articulo basali duplo longiore secundo, articulo secundo minuto, sequentibus funiculi apicem versus sensim paulo longioribus, articulo apicali plus duplo longiore penultimo; petioli squama erecta, subquadrata, supra paulo latior, angulis superioribus rotundatis, margine, superiore integro.

Es ist mir nur ein schlechtes Stück von gelber Farbe in der Coll. Menge bekannt. Eine Behaarung ist nicht zu sehen, und die Oberfläche des Körpers scheint keine Skulptur zu haben, also glatt zu sein. Die Mandibeln sind ziemlich lang, mit einem Kaurande, dessen 5—6 Zähne ungleich gross sind, indem vier derselben gross und spitzig, einer klein und ein anderer kaum angedeutet ist. Der Clypeus ist in der Mitte mässig dachförmig erhoben. Der Schaft ist ziemlich gleich dick und überragt den Hinterrand des Kopfes. Das erste Geisselglied ist doppelt so lang als das zweite Glied, welches das kleinste von allen ist, die folgenden nehmen allmählich etwas an Grösse zu. Der Thorax ist nur unbedeutend schmäler als der Kopf. Die Schuppe des Stielchens ist aufrecht, viereckig mit gerundetem oberen Rande. Eine eigenthümliche wahrscheinlich nur individuelle, vielleicht aber doch specifische Abweichung zeigen die Vorderflügel, indem die Costa cubitalis als Verlängerung der Costa media auftritt, und ihr Anfang nur durch die Abzweigung der zur Costa scapularis ziehenden Costa basalis zu erkennen ist. Es ist diess dieselbe Rippenvertheilung, wie sie bei den Weibchen und Männchen der in Europa lebenden Prenolepis nitens Mayr vorkömmt (siehe Berl. ent. Zeitschr. 1862 p. 256). Es ist möglich, dass dieses Männchen zu einer der vorhergehenden Arten gehört, doch fehlen mir alle Anhaltspunkte, es zu einer derselben zu stellen.

5. Rhopalomyrmex n. g.

Operaria: Mandibulae margine masticatorio dentato. Palpi maxillares sexarticulati. Clypeus parum convexus, non intersertus inter antennarum articulationes. Fossa clypealis in fossam antennalem transit. Laminae frontales indistinctae. Antennae decemarticulatae; funiculus clava quadriarticulata distincta. Ocelli nulli. Thorax inermis supra longitrorsum convexus absque strictura. Metanotum parte basali subhorizontali, transversim distincte convexa, parte declivi obliqua. Petiolus supra cum squama humili, antrorsum inclinata, paulo latiore quam altiore, margine rotundato. Abdomen supra segmentis quinque distinctis, ano apicali circulari infundibuliforme ciliato.

Arbeiter. Der eiförmige Kopf ist breiter als der Thorax und ist hinten leicht ausgebuchtet. Die Oberkiefer sind schmal mit gezähntem Kaurande. Die Kiefertaster sind sechsgliedrig und reichen bis zum Hinterhauptloche, deren einzelne Glieder sind ziemlich gleich lang, nur das Basalglied ist kürzer. Der Clypeus ist nicht gekielt und nicht zwischen die Fühlergelenke eingeschoben, er ist in der Mitte ziemlich gleichförmig, obwol schwach, gewölbt (seinen Vorderrand kann ich an dem einzigen mir vorliegenden Stücke wegen einem vorliegenden Fühler nicht sehen). Die seichte Schildgrube geht in die Fühlergrube über. Die sehr unscheinbaren Stirnleisten sind nur als je eine feine Kante am Innenrande der Gelenkspfannen der Fühler und dann nach hinten und aussen ziehend als Begrenzungslinien der Fühlergruben sichtbar. Die Fühler sind *zehngliedrig*, ihr Schaft überragt die Augen, reicht aber nicht bis zum Hinterrande des Kopfes; die Geissel ist an der Endhälfte zu einer deutlichen viergliedrigen Keule verdickt, ihr erstes Glied ist verlängert, das 2 — 5 klein, kürzer als dick, das 6 — 8 viel grösser, so lang als dick, das spindelförmige Endglied ist gross. Das Stirnfeld und die Stirnrinne sind nicht ausgeprägt. Die Ocellen fehlen. Die Netzaugen sind eirund und liegen in der Mitte der Kopfseiten. Der unbewehrte Thorax hat oben keine Einschnürung, obschon die Nähte deutlich sind. Die Mesonotal-Stigmen liegen wol noch an der Oberseite des Thorax, sie sind aber weit von einander entfernt. Der horizontale Basaltheil des Metanotum ist deutlich quer gewölbt und geht bogig in den schiefen abschüssigen Theil über. Das Stielchen hat oben eine, wie bei Plagiolepis Künowi geformte Schuppe, welche niedrig, queroval und schief nach vorne geneigt ist. Der ziemlich grosse Hinterleib hat, von oben gesehen, fünf Segmente, an seiner Spitze ist der röhrige, trichterförmig mit langen Haaren gewimperte After. Die Beine sind mässig lang, die Sporne der vier hinteren Schienen einfach dornförmig.

Diese Gattung hat im allgemeinen Körperumrisse eine frappante Aehnlichkeit mit Plagiolepis pygmaea Ltr., besonders aber mit Plagiolepis Künowi m., so dass ich einige Zeit den Verdacht hatte, dass das mir vorliegende Stück doch nur zu P. Künowi gehöre, obschon ich stets nur 10 Fühlerglieder zählen konnte. Durch die sorgfältigste mehrmalige Untersuchung bei verschiedener Tageshelle und bei künstlicher Beleuchtung bin ich aber endlich zur Ueberzeugung gelangt, dass dieses Stück der Repräsentant einer neuen Gattung ist, die sich durch den gleichmässig in der Mitte gewölbten Clypeus, durch die höchst unvollkommen entwickelten Stirnleisten und besonders durch die zehngliedrigen Fühler mit einer viergliedrigen Keule auszeichnet.

Zehngliedrige Fühler hat von den Gattungen der Subfamilie Formicidae noch *Decamera* Rog. aus Venezuela, welche Gattung sich nach Dr. Roger's Beschreibung durch eine dreigliedrige Fühlerkeule, durch einen zwischen die Fühlergelenke etwas eingeschobenen Clypeus, durch einen stark eingeschnürten Thorax und durch eine senkrechte Schuppe unterscheidet. Die Gattung *Myrmelachista* von welcher Dr. Roger nicht sicher angeben konnte, ob sie 9-, oder 10 gliedrige Fühler habe, hat nach Roger's Beschreibung eine dreigliedrige Fühlerkeule, einen hinten zwischen die Fühlergelenke eingeschobenen Clypeus, einen eingeschnürten Thorax und eine aufrechte Schuppe.

1. **Rhopalomyrmex pygmaeus** n. sp.

Fig. 25. 26.

Operaria: Long. corp. 2,2 ᵐᵐ. Nitida, sparse pilosa et sparse adpresse pubescens, laevis clypeo genisque punctatis.

Ein Stück in der phys.-ökon. Gesellschaft (No. 290).

Arbeiter. Braun, glänzend, die Mandibeln, der Vorderrand des Clypeus und der Wangen rothgelb, die Fühler und Taster lehmgelb, die Beine braungelb. Der Körper hat eine feine blassgelbe, ziemlich anliegende Pubescenz; der Kopf, der Thorax und der Hinterleib sind mit zerstreuten blassgelben aufrechten Haaren, die Fühler und Beine reichlicher mit schief abstehenden, kürzeren Haaren besetzt. Der Körper scheint glatt oder wenigstens fast glatt zu sein, der Clypeus jedoch und die Wangen sind ziemlich grob aber nicht dicht punktirt.

6. **Lasius** Fabr.

Operaria et Femina: Mandibulae margine masticatorio dentato. Palpi maxillares sex-, labiales quatuorarticulati. Clypeus non intersectus inter antennarum articulationes. Fossa clypealis transit distincte in fossam antennalem. Antennae 12-articulatae oriuntur a clypei angulis posticis; funiculi haud clavati articuli 2—5 paulo breviores et minores sequentibus. Area frontalis subtiliter impressa. Ocelli Operariae minutissimi. Thorax Operariae pone medium fortiter constrictus. Petiolus cum squama erecta aut parum inclinata. Abdomen supra segmentis quinque, ano apicali infundibuliforme longe ciliato.

Mas: Caput cum mandibulis rotundato — quinquangulare, supra parum convexum. Mandibulae dilatatae, margine masticatorio dentato aut edentato. Palpi et fossa clypealis ut in Operaria et Femina. Antennae 13-articulatae oriuntur prope clypei angulos posticos, scapo capitis marginem posticum superante, funiculi articulo basali ad apicem distincte incrassato, paulo longiore secundo, articulis sequentibus subaequalibus, articulo apicali penultimo paulo longiore. Petiolus cum squama erecta. Genitalium valvulae externae elongato — triangulares, apice fortiter rotundatae.

Alae cum cellula cubitali una, cellula radiali clausa et cellula discoidali saepe clausa.

Arbeiter. Der Kopf ist, ohne den Mandibeln, gerundet viereckig, hinten etwas breiter als vorne, und der Hinterrand bei allen Bernsteinarten nicht stark breit bogig ausgerandet. Die Mandibeln sind dreieckig, mässig breit mit gezähntem Kaurande. Die Kiefertaster sind lang. Der Clypeus ist breit trapezförmig, quer-, mehr oder weniger dachförmig gewölbt, hinten nicht zwischen die Fühlergelenke eingeschoben, sein mittlerer Theil ragt wenig mehr nach vorne als seine Seitentheile. Die stark eingedrückte Schildgrube geht sehr deutlich in die Fühlergrube über. Die Stirnleisten sind fast parallel und nur wenig nach hinten divergirend. Die 12 gliedrigen Fühler entspringen nahe den abgerundeten Hinterecken des Clypeus, deren Schaft ist mässig lang, die fadenförmige Geissel gegen das Ende nur unbedeutend dicker, das erste Geisselglied ist stets gestreckt und viel länger als das zweite Glied, dieses ist das kleinste und die folgenden nehmen bis zum vorletzten allmählich unbedeutend an Grösse zu, das spindelförmige Endglied ist bedeutend grösser als das vorletzte Glied. Das dreieckige Stirnfeld ist schwach ausgeprägt. Die eirunden Netzaugen liegen etwas hinter der Mitte der Kopfseiten. Die Ocellen sind klein, aber bei allen Bernsteinarten vorhanden. Der Thorax ist oben zwischen dem Mesonotum und Metanotum eingeschnürt, in der Einschnürung liegen die Stigmen des Mesonotum. Der Basaltheil des Metanotum ist gewölbt und kurz, viel breiter als lang, die abschüssige Fläche ist gross, flach und schief abhängig; die Athemlöcher des Metanotum liegen in der Mitte der abgerundeten Ränder zwischen der abschüssigen Fläche und den Seiten des Metanotum. Das Stielchen trägt oben eine senkrechte oder nur wenig nach vorne geneigte dünne Schuppe. Der Hinterleib ist kurz eiförmig und hat oben fünf sichtbare Segmente, an der Hinterleibsspitze liegt der kreisrunde, mit langen Haaren trichterförmig gewimperte After. Die Beine sind mittelmässig lang, die Sporne der vier hinteren Unterschenkel einfach dornförmig.

Weibchen. Der Kopf ist in seinen einzelnen Theilen ebenso gebildet wie beim Arbeiter, nur sind die Netzaugen und Ocellen relativ viel grösser. Der Thorax ist vorne gerundet, hinten schief gestutzt, oben am Mesonotum ziemlich flach. Das Stielchen ist wie beim Arbeiter. Der Hinterleib ist gross, eiförmig, mit 5 von oben sichtbaren Segmenten. Der After ist wie beim Arbeiter.

Männchen. Der ziemlich flache Kopf ist mit den Mandibeln gerundet-fünfeckig, so dass die sehr stark abgerundeten Hinterecken des Kopfes die hintern, die Netzaugen die mittleren Ecken und die vereinigten Mandibelspitzen die vordere Ecke bilden. Die Mandibeln sind stets breit, und zwar am Grunde schmal, gegen den Kaurand allmählich breiter; der Kaurand ist entweder gezähnt oder zahnlos und schneidend. Die Taster sind wie beim Arbeiter und Weibchen, ebenso der Clypeus. Die Stirnleisten sind kurz. Die 13 gliedrigen Fühler entspringen an den Hinterecken des Clypeus, deren mässig langer Schaft überragt etwas den Hinterrand des Kopfes; das erste Glied der fadenförmigen Geissel ist schwach keulig verdickt und etwas länger als das zweite Glied, die folgenden Glieder sind ziemlich gleichlang, nur das Letzte ist länger. Das Stirnfeld ist deutlich dreieckig eingedrückt. Die Punkt- und Netzaugen sind gross. Der Thorax ist so breit als der Kopf oder etwas breiter, vorne gerundet, hinten schief gestutzt. Das Stielchen hat eine aufrechte Schuppe. Der Hinterleib ist eiförmig. Die äusseren Genitalklappen sind länglich-dreieckig mit stark abgerundeter Spitze.

Die Flügel der Weibchen und Männchen haben eine Cubitalzelle und eine ganz geschlossene Radialzelle, die Costa recurrens ist vorhanden oder fehlt.

Diese Gattung ist wol nur mit Prenolepis zu verwechseln, doch dürfte obige Beschreibung und das, was in dieser Beziehung bei Prenolepis gesagt wurde, hinreichend sein. Dass es bei sehr schlecht erhaltenen oder auch bei weniger schlecht aber ungünstig im Bernstein liegenden Stücken manchmal zweifelhaft bleiben dürfte, zu welcher der beiden Gattungen ein Exemplar gehöre, liegt in der nahen Verwandtschaft der beiden Gattungen.

1. Lasius Schiefferdeckeri n. sp.
Fig. ?.27—32.

Operaria: Long. corp. 2.5—3 mm. Micans, subtilissime dense punctulata; subtiliter et copiose pubescens; caput et thorax sparse, abdomen copiosius abstante pilosa, scapi et pedes non aut parum pilosi; mandibulae subtiliter longitudinaliter striatae et disperse punctatae; funiculi articuli longiores quam crassiores, articulo secundo nonnunquam quam longo tam crasso; petioli squama suberecta, quadrangularis, paulo altior quam latior, angulis superioribus rotundatis.

In der phys.-ökon. Ges. 80 Stücke (Nro. 15, 50, 54, 55, 59, 75, 93, 99, 103, 107, 109, 111, 127, 133, 138, 142, 146, 150, 151, 162, 163, 167, 179, 181, 187, 189, 196, 201, 212, 223, 249, 251, 259, 266, 269, 274, 277, 284, 301, 306, 307, 308, 314, 315, 324, 346, 390, 395, 405, 411, 414, 416, 422, 424, 448, 452, 459, 462, 468, 470, 473, 478, 482, 485, 487, 490, 494, 502, 504, 505, 506, 507, 524, 530, 543, 546, 547, 561, 568, 601), im Dorpater Museum 2 Stücke mit 7 Individuen, im Berliner Mus. 7 Stücke (Nro. 10, 21, 22, 26, 34, 35, 38), im miner. Hofkabinete in Wien 3 Stücke, in Coll. Berendt 9 Stücke, in Coll. Brischke 2 Stücke, in Coll. Duisburg 5 Stücke (Nro. 3, 36, 48, 52, 65), in Coll. Klinsmann 2 Stücke, in Coll. Mayr 5 Stücke, in Coll. Menge 10 Stücke, Coll. Schiefferdecker 7 Stücke (Nro. 10, 16, 21, 22, 24, 29, 35), in Coll. Sommerfeldt 2 Stücke (Nro. 19, 20).

Femina: Long. corp. 5 mm. Dense pubescens, sparsissime abstante pilosa, densissime et subtilissime punctulata; funiculi articuli 2—10, longiores quam latiores; petioli squama erecta, rotundato-quadrata.

In der phys.-ökon. Ges. 1 Stück (Nro. 629), in Coll. Berendt 1 Stück, 5 Stücke in Coll. Menge.

Mas: Long. corp. 2.5—2.6 mm. Microscopice pubescens, sparse abstante pilosus, sublaevis; mandibulae margine masticatorio denticulato; alae anticae aut cum costa recurrenti aut nulla.

In der phys.-ökon. Ges. 1 Stück (Nro. 630), ein Bernsteinstück in Coll. Berendt mit einem Männchen und einem Arbeiter, 4 Bernsteinstücke in Coll. Menge, wovon ein Stück mehrere Männchen enthält, welche ich als Typen bei der Diagnose angenommen habe.

Arbeiter. Gelb, braun, und die zersetzten Exemplare schwarz; bei den braunen Stücken sind die Tarsen mehr oder weniger gelblich. Die abstehende Behaarung ist am Kopfe und am Thorax ziemlich spärlich, am Hinterleibe jedoch, besonders aber an dessen Ende, reichlicher; der Fühlerschaft und die Beine haben entweder keine oder wenige abstehende lange Haare. Die anliegende Pubescenz ist fein und ziemlich reichlich, aber doch nur so, dass die sehr feine Punktirung, aus welcher die Häärchen entspringen, bei schönen Stücken sehr deutlich zu sehen ist. Der Kopf ist breiter als der Thorax. Die Mandibeln sind fein und sehr dicht längsgestreift, mit vereinzelten haartragenden Punkten. Der Fühlerschaft überragt den Hinterrand des Kopfes; das erste Geisselglied ist verlängert, das Endglied spindelförmig und gross, die zwischen diesen liegenden Glieder sind alle etwas länger als dick, nur das zweite Geisselglied ist öfters nur ebenso lang als dick. Die Schuppe des Stielchens ist fast ganz aufrecht, viereckig, etwas höher als breit, mit abgerundeten oberen Ecken und entweder bogigem oder in der Mitte etwas ausgerandetem oberen Rande.

Weibchen. Ganz braun oder schwarzbraun, mit braunen Fühlern und Beinen. Die anliegende Pubescenz ist wie beim Arbeiter, die abstehende Behaarung sehr spärlich, die Fühler und Beine haben aber keine abstehenden Haare. Die Punktirung ist wie beim Arbeiter, nur stärker. Die Mandibeln sind längsgestreift. Die Fühler wie beim Arbeiter, das zweite Geisselglied ist stets länger als dick. Die Schuppe ist aufrecht, viereckig, gross, mit gerundeten oberen Ecken und mit in der Mitte ausgerandetem oberen Rande. Männchen. Braun oder schwarzbraun, Fühler und Beine braungelb oder gelblichbraun, sehr fein anliegend pubescent, spärlich abstehend lang behaart; das Hinterleibsende und die Unterseite des Hinterleibes reichlicher behaart; die Fühler und Beine haben ausser der Pubescenz meistens einige feine lange Haare. Die Skulptur ist eine sehr feine Punktirung, die am Hinterleibe dichter ist und mehr in die lederartige Runzelung übergeht, die Mandibeln sind fein längsgestreift, mit einzelnen Punkten, deren Kaurand ist gezähnelt, aber nicht regelmässig gezähnt. Die Schuppe ist gerundet-viereckig. Die Flügel sind schwach bräunlich getrübt.

Das Resultat meiner Untersuchungen über diese Species, welche mich viele Wochen beschäftigt hat, ist, dass ich die oben citirten Exemplare nur für *eine* Art halten kann. Da finden sich lichtgelbe bis dunkelbraune Arbeiter mit allen dazwischen liegenden Nuançen und Farbenübergängen, solche, welche in Bezug der relativen Länge der Fühlerglieder Verschiedenheiten zeigen, eine grosse Anzahl, welche an den Schienen gar keine abstehenden langen Haare haben, dann welche, die ein bis zwei solche Haare haben, bis zu denen, die mehrere Haare haben, so auch haben manche Exemplare wenige Haare an der Oberseite des Körpers, andere mehr. Bevor ich zu dem Resultate gekommen bin, dass diese Verschiedenheiten keine specifischen sind, habe ich es versucht, mehrere Arten anzunehmen, doch nach und nach liessen sich ganze Reihen von Uebergängen aufstellen, so dass an eine Trennung in mehrere Arten nicht mehr gedacht werden konnte, obschon sich die jetzt lebenden Arten dieser Gattung hauptsächlich durch Farbe und Behaarung unterscheiden. Sollte diese Bernsteinart nicht etwa die Urart von Lasius niger L., emarginatus Ltr., brunneus Ltr. und alienus Först. sein, welche jetzt in Europa leben? Ich denke, dass eine Art, welche einen grossen Verbreitungsbezirk hat und in grosser Individuenzahl auftritt, im Allgemeinen grössere Abweichungen und daher mehr Varietäten zeigt, als eine Art, bei welcher das Gegentheil der Fall ist. Jene in der grössten Entwickelung stehende Art kann nun dadurch, dass manche der weniger gut für den Kampf um's Dasein ausgerüstete Varietäten aussterben, bei weiterer Entwickelung der übrigbleibenden Varietäten in späterer Zeit mehrere Arten (nach den allgemeinen Begriffen) bilden, welche anfangs weniger scharf, später aber vielleicht schärfer sich von einander unterscheiden. Ich meine nun, dass die oben genannten jetzt lebenden Arten solche ehemalige Varietäten der zur Bernsteinzeit lebenden nicht unbedeutend variirenden Urart seien, und dass diese Arten jetzt in jenem Entwicklungsstadium begriffen sind, wo sie nach unseren Begriffen wol schon als eigene Arten aufgefasst werden, die aber noch immer einzelne Individuen vorweisen, welche sich als Uebergangsglieder zwischen zwei Arten darstellen.

Bei meinen Untersuchungen über diese Art war ich besonders darauf bedacht, Unterschiede zwischen den gelben und den braunen (nicht zersetzten) Arbeitern zu finden, ich achtete genau darauf, ob die gelben Arbeiter nicht etwa kleinere Netzaugen haben (wie das bei den recenten gelben Lasius-Arten der Fall ist) und ob das kürzere zweite Geisselglied nicht etwa nur bei den gelben, oder bei den braunen Stücken vorkomme, doch haben alle Exemplare gleiche mittelgrosse Netzaugen und das zweite kürzere Geisselglied findet sich bei braunen und bei gelben Stücken. Uebrigens finde ich, dass bei den recenten Lasius-Arten bei einer und derselben Species die relative Länge der Geisselglieder, und besonders die des zweiten, nicht ganz constant ist. Nebenbei wäre zu erwähnen, dass ich gelbe und braune Arbeiter in demselben Bernsteinstücke eingeschlossen gefunden habe, und dass z. B.

das Stück Nro. 196 in der Sammlung der phys.-ökon. Ges. an der rechten Hinterschiene mehrere lange abstehende Haare hat, die der linken entsprechenden Schiene fehlen. Eine abstehende obwol kurze Behaarung an den Schienen findet sich bei dieser Art, die eine reichliche Pubescenz hat, ziemlich oft, dieselbe ist jedenfalls dadurch entstanden, dass das noch lebende Thier in dem noch flüssigen Balsame, bei dem Bestreben, sich wieder herauszuarbeiten, die Gliedmassen gestreckt und dadurch die anliegende Pubescenz gesträubt hat, ohne dass es wieder im Stande gewesen wäre, die Füsse zurückzuziehen (als Beispiel wäre anzuführen Nr. 568 der phys.-ökon. Ges. und zwar die Hinterbeine).

Ob die zu dieser Art gezogenen Weibchen und Männchen vollkommen sicher hieher gehören, könnte ich wol nicht beweisen; obschon es mir wahrscheinlich zu sein scheint; nebenbei sei auch bemerkt, dass sich in der Berendt'schen Sammlung ein Bernsteinstück vorfindet, welches einen Arbeiter dieser Art mit einem solchen Männchen enthält.

2. Lasius pumilus n. sp.
Fig. 33.

Operaria: Long. corp. 1.5 ^{mm}. Micans, pubescens, absque pilositate erecta, solummodo palpis et abdomine postice pilosis; subtilissime punctulata; funiculi articuli 2—4 paulo crassiores quam longiores; petioli squama obovata.

In der phys.-ökon. Ges. 1 Stück (Nr. 225), in Coll. Berendt 1 Stück, in Coll. Menge 1 Stück.

Arbeiter. Diese Art ist von Lasius Schiefferdeckeri durch die viel geringere Grösse, durch den fast gänzlichen Mangel der abstehenden langen Behaarung, durch die Geissel, deren 2. bis 4. Glied deutlich, obwol wenig dicker als lang und deren folgende Glieder auch im Verhältnisse weniger gestreckt sind, und vielleicht auch durch die mehr verkehrt eiförmige Schuppe des Stielchens leicht zu unterscheiden.

3. Lasius punctulatus n. sp.
Fig. 34.

Femina: Long. corp. 3—3.8 ^{mm}. Micans, pubescens et pilosa, subtiliter dense punctulata; funiculi articuli omnes longiores quam crassiores; petioli squama erecta, rotundata; alae anticae cum cellula descoidali minuta.

In der phys.-ökon. Ges. 1 Stück (Nro. 599), in Coll. Menge 1 Stück, in Coll. Mayr 1 Stück (so wie noch ein zweites schlecht erhaltenes Stück wahrscheinlich hieher gehört).

Diese drei Stücke dieser gelbgefärbten Art stimmen nicht vollkommen mit einander überein, da das Menge'sche Stück eine ziemlich spärliche abstehende Behaarung hat, während die zwei anderen Stücke den Kopf und Hinterleib viel reichlicher behaart haben; auch die Geissel zeigt einen Unterschied, denn bei dem Menge'schen Stücke sind alle Geisselglieder deutlich länger als dick, bei den 2 andern ist aber das zweite Geisselglied kaum länger als dick. Von L. Schiefferdeckeri unterscheidet sich diese Art leicht durch die geringe Körpergrösse. Zu L. pumilus konnte ich diese Weibchen, trotz der entsprechenden Grösse, wegen der gestreckten Geisselglieder nicht stellen.

4. Lasius edentatus n. sp.

Mas: Long. corp. 3.5 ^{mm}. Microscopice pubescens, antennis pubescentia densiore et paulo abstante; mandibulae, clypeus, vertex et abdomen infra, atque genitalium valvulae ex-

terone erecte pilosa, thorax supra, petiolus et abdomen supra pilis nonnullis erectis; mandibulae margine masticatorio edentato arcuatim conjuncto margine postico.
Ein Stück in Coll. Menge.

Dieses Männchen unterscheidet sich von dem von L. Schiefferdeckeri hauptsächlich durch den ganz ungekerbten schneidigen Kaurand der Mandibeln. Die Vorderflügel haben eine geschlossene mässig grosse Discoidalzelle.

7. Formica Linné.

Operaria et Femina: Mandibulae triangulares margine masticatorio dentato. Palpi maxillares 6-, labiales 4-articulati. Clypeus tectiformis non intersertus inter antennarum articulationes. Fossa clypealis transit in fossam antennalem. Laminae frontales posticae divergentes, margine externo paulo arcuato. Antennae 12-articulatae oriuntur ad clypei angulos posticos; funiculi filiformis articuli longiores quam crassiores, articuli basales apicalibus longiores, ultimo excepto. Area frontalis triangularis acute impressa. Ocelli etiam in Operaria distincti. Petiolus cum squama erecta. Abdomen supra segmentis quinque, ano apicali circulari breviter ciliato, infra pilis nonnullis longis. Calcaria brevissime pectinata intermedia longa, postica perlonga.

Mas: Mandibulae margine masticatorio acuto. Palpi ut in Operaria et Femina. Antennae 13-articulatae oriuntur ad clypei angulos posticos, funiculi articulus basalis secundo brevior. Area frontalis acute impressa, triangularis. Petiolus cum squama erecta. Genitalium valvulae externae elongato-triangulares apice rotundatae.

Alae anticae cum cellula cubitali una, cum cellula radiali clausa et cellula discoidali clausa.

Arbeiter. Der Kopf ist ohne den Mandibeln viereckig mit stark abgerundeten Ecken, etwas länger als breit, und vorne etwas schmäler als hinten. Die dreieckigen Mandibeln sind zunächst den Gelenken ziemlich schmal, gegen den Kaurand stark verbreitert, dieser ist gezähnt. Der trapezförmige Clypeus ist dachförmig gewölbt und ist nicht zwischen die Fühlergelenke eingeschoben, vorne ragt er in der Mitte mehr vor als an den Mandibelgelenken, so dass der Vorderrand bogig gekrümmt ist. Die mässig langen Stirnleisten divergiren etwas nach hinten und haben einen schwach bogigen Aussenrand. Die 12 gliedrigen Fühler entspringen an den abgerundeten Hinterecken des Clypeus, ihr Schaft ist lang und überragt den Hinterrand des Kopfes, die Geissel ist fast fadenförmig (am Grunde ist sie etwas dünner als in der Mitte oder am Ende), ihre ersteren Glieder sind etwas länger als die mittleren und letzteren, mit Ausnahme des wieder längeren Endgliedes. Das dreieckige Stirnfeld ist scharf eingedrückt. Die ovalen Netzaugen liegen hinter der Mitte der Kopfseiten. Die Ocellen sind sehr deutlich am Scheitel im Dreiecke gestellt. Der Thorax ist hinter der Mitte zwischen dem Mesonotum und Metanotum stark eingeschnürt, in der Einschnürung liegen die Stigmen des Mesonotum. Der gewölbte Basaltheil des Metanotum geht bogig in den schiefen, flachen abschüssigen Theil über. Das Stielchen hat oben eine senkrechte Schuppe, welche, von der Seite gesehen, unten dick und oben dünn, also keilförmig, erscheint. Der Hinterleib ist ziemlich rundlich und hat, von oben gesehen, fünf Segmente; an der Hinterleibsspitze liegt der kreisrunde, kurzröhrige After, welcher mit kurzen und nur unten mit einigen langen Haaren gewimpert ist. Die Sporne der Hintertibien sind auffallend lang.

Weibchen. Die Kopftheile sind so wie beim Arbeiter. Der Thorax ist vorne gerundet mit schief abfallendem Metanotum. Das Stielchen hat eine aufrechte Schuppe, welche grösser, besonders breiter, als beim Arbeiter ist. Der Hinterleib ist wie beim Arbeiter.

Männchen. Der Kopf ist mit den Mandibeln dreieckig mit stark abgerundeten Hinterecken. Die Mandibeln sind ziemlich schmal, am Ende spitzig, und haben bei der Bernsteinart einen schneidigen ungezähnten Kaurand, welcher bogig in den Hinterrand übergeht. Die Taster sind wie beim Arbeiter und Weibchen. Der trapezförmige Clypeus ist dachförmig gewölbt mit einem Mittellängskiele und ist hinten nicht zwischen die Fühlergelenke eingeschoben. Die kurzen Stirnleisten divergiren nach hinten. Die 13gliedrigen Fühler sind an den abgerundeten Hinterecken des Clypeus inserirt, ihr Schaft überragt weit den Hinterrand des Kopfes, das erste Glied der fadenförmigen Geissel ist kürzer als das zweite, dieses ist (ausser dem längeren Endgliede) das längste und die folgenden nehmen allmählich etwas an Länge ab. Das dreieckige Stirnfeld ist scharf ausgeprägt. Die Netz- und Punktaugen sind gross. Der Thorax ist bei der Bernsteinart ziemlich schmal, vorne gerundet, hinten schief abfallend. Das Stielchen hat eine dicke, aufrechte Schuppe, welche breiter als hoch und niedriger als beim Weibchen ist. Der langgestreckte Hinterleib ist bei der Bernsteinart ziemlich schmal; an seinem Ende liegen die grossen Genitalklappen, deren äussere schmal, dreieckig sind und eine abgerundete Spitze haben. Die Sporne der Mittel- und Hinterbeine sind lang.

1. Formica Flori n. sp.
Fig. 35—37.

Operaria: Long. corp. 5—8 mm. Sparse pubescens; caput et abdomen sparse aut sparsissime pilosa, thorax absque pilis erectis, tibiae setis nonnullis abstantibus; subtilissime coriaceo-rugulosa, abdomine subtilissime transversim ruguloso; mandibulae subtiliter striatae et disperse punctatae; capitis margo posticus haud emarginatus; petioli squama trapezoideo-obovata, margine superiore arcuato, nonnunquam paulo emarginato.

In der phys.-ökon. Ges. 50 Stücke (Nr. 1, 2, 6, 16, 18—20, 26, 38, 47, 49, 65, 72, 73, 116, 120, 168, 191, 219, 234, 248, 254, 283, 349, 384, 391, 398, 410, 428, 440, 443, 444, 446, 456, 461, 498, 516, 522, 525, 527, 536, 551, 559, 564, 570, 579, 592, 594, 622, 623), im Mus. Dorpat 6 Stücke, im Berliner Museum 5 Stücke (Nr. 9, 12, 30, 36, 50), im min. Hofkab. in Wien 3 Stücke, in Coll. Berendt 14 Stücke, in Coll. Brischke 3 Stücke, in Coll. Duisburg 19 Stücke (Nr. 9, 11, 15, 16, 20, 21, 25, 29, 35, 38—42, 46, 55, 59, 60, 71), in Coll. Künow ein Stück (Nr. 8), in Coll. Klinsmann 3 Stücke, in Coll. Mayr 8 Stücke, in Coll. Meier 4 Stücke, in Coll. Menge 19 Stücke, in Coll. Schiefferdecker 6 Stücke (Nr. 4, 17, 26, 28, 36, 38), in Coll. Sommerfeldt 5 Stücke (Nr. 10, 21, 22, 23, 24).

Femina: Long. corp. 8 mm. Sparsissime erecte setuloso-pilosa, abdomine supra absque pilis erectis; subtilissime coriaceo-rugulosa et dispereissime punctulata; petioli squama late obovata.

In der phys.-ökon. Ges. 1 Stück (Nr. 85).

Mas.: Long. corp. 6.5—7.5 mm. Vix pilosus, pubescentia copiosa; subtiliter coriaceo-rugulosus et partim punctulatus; mandibulae angustae margine masticatorio acuto; petioli squama latior quam altior margine superiore distincte emarginato; corpus angustatum; alae anticae angustae.

In der phys.-ökon. Ges. 2 Stücke (Nr. 32, 337), in Coll. Berendt 9 Stücke, in Coll. Klinsmann 1 Stück, Coll. Meier 1 Stück, Coll. Menge 19 Stücke, Coll. Mayr 1 Stück.

Arbeiter. Kastanienbraun, dunkelbraun oder schwarz, die Beine sind öfters heller. Die anliegende feine Pubescenz ist ziemlich spärlich. Die Mandibeln sind nicht sparsam mit schief abstehenden, nicht langen Haaren besetzt. Der Kopf hat oben einige lange aufrechte Borstenhaare, der Thorax keine solchen, die abstehende Behaarung des Hinterleibes zeigt einige Abweichungen. Bei den meisten Exemplaren sind die steifen Börstchen so gestellt, dass auf jedem Hinterleibssegmente (mit Ausnahme des ersten und letzten) zwei mehr oder weniger regelmässige Reihen eingepflanzt sind; bei manchen Stücken sind sie weniger regelmässig, oder fehlen an den ersteren Segmenten gänzlich; wärend bei den meisten Exemplaren die Borstchen kurz sind, finde ich sie bei manchen deutlich länger. Die Tibien haben an der Beugeseite steife, schief abstehende Haare; die Fühler haben keine abstehende Behaarung. Die Skulptur des Körpers ist eine feine lederartige Runzelung, nur die Mandibeln sind fein längsgestreift mit zerstreuten haartragenden Punkten, und der Hinterleib ist sehr fein quergerunzelt. An den Wangen und am Hinterleibe sind bei ganz reinen Stücken noch zerstreute seichte Pünktchen sichtbar, aus welchen die anliegenden Häärchen entspringen. Die Schuppe des Stielchens ist verkehrt-eiförmig (oben viel breiter als unten), oder wegen den beiden oberen Ecken fast trapezförmig, ihr oberer Rand ist bogig, bei manchen Exemplaren in der Mitte etwas ausgerandet.

Weibchen. Das einzige mir vorliegende Exemplar ist schlecht erhalten und es mag vielleicht die Behaarung bei anderen Stücken, die später aufgefunden werden dürften, mehr oder weniger abweichen. — Schwarzbraun mit gelblichen Tarsenenden. Die feine kurze Pubescenz ist äusserst spärlich. Am Scheitel sehe ich einige abstehende Borstenhaare, das Pronotum, das Schildchen und die Schuppe haben aufrechte steife Haare, das Mesonotum jedoch und das Metanotum haben keine aufrechten Haare, der Hinterleib hat (einzelne an der Basis des Hinterleibes abgerechnet) keine abstehenden Haare, auch die Fühler haben keine solchen Haare; die Schienen haben an ihrer Beugeseite einige Börstchen. Die Skulptur des Körpers ist eine sehr feine, dichte Ciselirung, am Mesonotum sind aber auch sehr zerstreute und sehr seichte Pünktchen deutlich zu sehen. Der Hinterleib scheint sehr fein quer gerunzelt zu sein, überdiess hat er zerstreute feine Pünktchen. Die Schuppe des Stielchens ist breit verkehrt-eiförmig. Die Mandibeln und der Clypeus sind bei diesem Exemplare nicht zu sehen.

Männchen. Der Körper ist schlank gebaut wie bei Formica fusca Linné, er ist schwarzbraun oder schwarz, die Beine sind meistens braun oder braungelb. Die anliegende Pubescenz ist reichlich und fein. Eine abstehende Behaarung findet sich nur an den Mandibeln, Wangen und an den äusseren Genitalklappen; der Kopf hat einige aufrechte Haare und die Unterseite des Hinterleibes schiefgestellte Haare. Die Skulptur ist eine sehr feine lederartige Runzelung, welche theilweise, besonders am Mesonotum, mehr in die Punktirung übergeht. Die Schuppe des Stielchens ist gerundet-viereckig, breiter als hoch, mit in der Mitte ausgebuchtetem oberen Rande. Der Hinterleib ist schmal. Die Flügel sind ziemlich schmal und kurz.

Diese Art ist mit Formica fusca L., welche in Europa sehr gemein ist, höchst nahe verwandt und vielleicht von dieser nicht verschieden, obschon ich es wegen kleinen Unterschieden doch nicht wagen will, sie als identisch zu bezeichnen; nur das Weibchen weicht durch die Behaarung von dem Weibchen der recenten Art ab, doch wäre diess nicht von Belang, da das mir vorliegende Stück schlecht erhalten ist.

Bei einigen Männchen sind die Mandibeln nur von der Seite genau zu sehen und erscheinen ganz schmal, so dass ich anfangs gedacht habe, sie mögen zur Gattung Polyergus gehören, doch zeigte eine sorgfältige Untersuchung, dass sie auch flachgedrückte Oberkiefer haben, dass sie sechsgliedrige Kiefertaster und die Fühler wie bei Formica gebildet haben, wärend die Männchen von Polyergus nur viergliedrige Kiefertaster und einen viel kürzeren Fühlerschaft haben. Es wäre wol immerhin möglich, dass die mir vorliegenden Bernsteinmännchen zu mehreren Arten gehören, da sich auch die recenten Männchen der verschiedenen Arten grösstentheils nur durch unbedeutende und oft unsichere Merkmale von einander unterscheiden.

8. Gesomyrmex n. g.

Operaria: Mandibulae elongato - triangulares, margine masticatorio acute dentato. Palpi maxillares sexarticulati. Caput thoracae latius, antice fortiter angustatum, margine postico parum emarginato. Clypeus longe porrectus, postice inter antennarum articulationes intersertus. Fossae clypealis et antennalis non impressae. Laminae frontales indistinctae et brevissimae. Antennae octo-articulatae, ad clypei marginem insertae, scapo brevi. Area frontalis et sulcus frontalis absunt. Frons lata utrimque ad oculos paulo carinaeforme elevata. Oculi laterales permagni ovato-reniformes, magis quam capitis laterum dimidium occupantes. Ocelli tres approximati et minuti. Thorax inermis, supra absque strictura distincta. Metanotum parte basali horizontali, parte declivi obliqua. Petiolus supra cum squama erecta, ovata, crassiuscula. Abdomen pyriforme, supra segmentis quinque distinctis, ano apicali minuto tubuloso, infundibuliforme pilis longis ciliato. Pedes elongati, graciles, calcaribus intermediis et posticis minutis et simplicibus.

Mas: Mandibulae minutae, subteretes, in dentem deplanatum terminantes. Palpi maxillares sexarticulati Clypeus transversim convexus, postice paulo inter antennarum articulationes intersertus, margine antico subrecto, margine postico curvato. Laminae frontales brevissimae. Antennae 11- articulatae, scapo brevi, funiculi filiformis articulo basali subgloboso. Frons utrimque prope oculos margine carinaeformi subtili. Oculi permagni. Ocelli magni. Thorax inermis. Petiolus cum squama erecta. Genitalium valvulae externae longae, lineares, paulo curvatae. Alae anticae cum cellula cubitali una, cum cellula discoidali subrhomboidea et cellula radiali clausa.

Arbeiter. Die Oberkiefer sind ziemlich gross, flachgedrückt, verlängert - dreieckig, an der Basis schmal, gegen das Ende stark verbreitert, der reichlich und scharf gezähnte, lange Kaurand bildet mit dem Hinterrande einen stumpfen Winkel, der Aussenrand ist bogig gekrümmt, nahe der Basis jedoch ziemlich gerade. Wenn die Mandibeln aneinander gelegt sind, so kreuzen sie sich vorne. Der Clypeus ragt weit zwischen die Mandibelgelenken vor, er hat einen stärker gekrümmten Vorder- als Hinterrand, ist querconvex, vorne schwach aufgebogen, ohne Mittelkiel und ist hinten zwischen die Fühlergelenke eingeschoben. Die Schild- und Fühlergruben sind nicht ausgeprägt. Die Stirnleisten sind sehr kurz, klein und undeutlich. Die achtgliedrigen Fühler sind zwischen den Mandibelgelenken und dem Vorderrande der Netzaugen am Rande des Clypeus inserirt; ihr Schaft erreicht lange nicht den Hinterrand des Kopfes, an der Basis und in der Mitte ist er dünn, gegen das Ende aber mässig verdickt; die Geissel ist gegen das Ende etwas verdickt, ihre zwei ersten Glieder sind etwa doppelt so lang als dick, das 3. und 4. Glied ist etwas kürzer, das 5. und 6. so lang als dick und das verdickte Endglied ist länger als dick, mit gerundeter Spitze. Das Stirnfeld und die Stirnrinne sind nicht ausgeprägt. Die Stirn ist wegen den unentwickelten und von einander sehr entfernten Stirnleisten gross und breit, und hat jederseits an dem inneren Rande der Netzaugen einen schwach kielförmig erhobenen Rand. Die Wangen sind wegen den stark nach vorne gerückten Augen sehr kurz und wegen den weit nach aussen gerückten Fühlergelenken sehr schmal. Die Netzaugen sind sehr gross und liegen mehr gegen die Oberseite des Kopfes gerückt, so dass man bei Betrachtung der Unterseite des Kopfes von jedem Auge nur einen schmalen Streifen sieht; sie sind fast doppelt so lang als breit, fast nierenförmig, ihr Innenrand ist aber nicht ausgebuchtet, sondern ganz gerade, ihre Längsrichtung ist schief von der Mandibelspitze zu den Hinterecken des Kopfes. Am Scheitel liegen die kleinen Punktaugen im Dreiecke gestellt. Die Kopfform erinnert sehr an die des Arbeiters von Oecophylla. Die Form des Thorax mahnt etwas an die von Typhlopone. Er ist prismatisch-cylindrisch, vorne wenig breiter als hinten, sein vorderes Ende ist oben fast halbkugelig gewölbt und ganz vorne etwas verlängert, hinten ist er gestutzt, oben ist er quer gewölbt, von vorne nach hinten ziemlich gerade. Das Pronotum ist gross, gewölbt und bedeckt mehr als den dritten Theil des Thorax. Das Mesonotum ist kürzer; die Luftlöcher desselben liegen an dessen Hinterrande. Der Basaltheil des Metanotum ist quer gewölbt, von vorne nach hinten gerade, horizontal, und geht gerundet in den fast senkrechten, kleinen abschüssigen Theil über; die Athemlöcher des Metanotum sind rund. Das Stielchen trägt oben eine mässig grosse, ziemlich dicke, fast eiförmige, unbewehrte, senkrechte Schuppe. Der fast birnförmige Hinterleib ist vorne breit, hinten allmählich verengt, etwas länger als der Thorax, er besteht aus 5 auch von oben sichtbaren Segmenten und hat an seiner Spitze den kleinen kurzröhrigen After, welcher trichterartig mit langen Haaren gewimpert ist. Die Beine sind verlängert, die Sporne der Mittel- und Hinterbeine klein und einfach.

Männchen. Der quer eirunde Kopf ist wegen den sehr grossen Augen breiter als lang und hat einen schwach bogigen Hinterrand. Die Oberkiefer sind auffallend klein, sehr schmal, fast drehrund, gerade mit einer etwas nach einwärts gebogenen Spitze und ohne Spur eines Kaurandes. Der Clypeus ist fast so wie bei dem Arbeiter von Iridomyrmex geformt, er ist dreieckig mit stark bogig abgerundeter hinterer Ecke, welche zwischen die Fühlergelenke eingeschoben ist, er ist nur wenig quer gewölbt und hat einen nur schwach bogigen Vorderrand, so dass derselbe in der Mitte nur sehr wenig weiter nach vorne reicht als an den Seiten. Die seichten Schild- und Fühlergruben liegen knapp neben einander und gehen in einander über. Die schmalen und kurzen Stirnleisten sind weit von einander entfernt, divergiren nach hinten und enden am inneren Augenrande, so dass sie die Wangen und Fühlergruben vollständig von der Stirn abtrennen. Die Fühler sind eilfgliedrig, deren Schaft sehr kurz, die Geissel ist fadenförmig und ziemlich kurz, ihr erstes Glied ist fast kugelig, aber doch etwas länger als dick, die folgenden Glieder sind cylindrisch und etwas länger als dick, das Endglied ist länger als das vorletzte Glied. Ein Stirnfeld ist nicht abgegrenzt. Die Stirnrinne ist nur vor dem vorderen Punktauge eingedrückt. Die Stirn ist wegen den weit von einander entfernten Stirnleisten vorne breit, hinten aber vor den Ocellen durch die Netzaugen eingeengt, sie bildet ein symmetrisches Sechseck, indem der vordere Rand vom Clypeus, die vorderen seitlichen Ränder von den Stirnleisten, die hinteren seitlichen Ränder von den Netzaugen gebildet werden, hinten geht die Stirn, wie immer, ohne Grenze in den Scheitel über. Die Augenränder der Stirn sind kielförmig erhoben. Der Scheitel ist vorne von den Netzaugen eingeengt und die auf demselben sitzenden Punktaugen sind gross. Die Netzaugen sind sehr gross, von oben gesehen ziemlich rund und beim vorderen Punktauge einander sehr genähert, von der Seite gesehen, sind sie oval. Der Thorax ist vorne abgerundet, hinten schief gerundet-gestutzt. Das Scutellum ist trapezförmig und hinten gerundet. Das Metanotum ist convex. Die Schuppe des Stielchens ist aufrecht, ziemlich klein, mässig verdickt, ziemlich rundlich. Der Hinterleib ist länglich. Die äusseren Genitalklappen sind lang, schmal linienförmig und schwach gekrümmt. Die Beine sind zart und dünn, die Krallen einfach, die Sporne der Mittel- und Hintertibien dünn und nicht lang. Die Rippenvertheilung der Vorderflügel ist wie bei der Gattung Formica.

Es unterliegt keinem Zweifel, dass dieses eben diagnosticirte und beschriebene Männchen zu dieser Gattung gehört, denn ausser den nur eilfgliedrigen Fühlern sind besonders die Längskielchen am Innenrande der Netzaugen so wie beim Arbeiter, auch der hintere Theil des Clypeus, die unentwickelten Stirnleisten und die Form der Schuppe sind so wie beim Arbeiter oder nur wenig geändert. Durch die eilfgliedrigen Fühler ist das Männchen dieser Gattung von allen Männchen der Subfamilie Formicidae unterschieden, denn die meisten haben 13 gliedrige Fühler, nur Plagiolepis und Acantholepis haben 12 gliedrige Fühler. In neuester Zeit habe ich eine Gattung aus Patagonien kennen gelernt (die von Prof. v. Strobel gesammelt ist und nächstens von mir beschrieben wird), deren Arbeiter 9-, und deren Männchen 10 gliedrige Fühler haben. Es ist sonderbar, dass die Anzahl der Fühlerglieder bei den Arbeitern und Weibchen einerseits und den Männchen andrerseits in keinem genau bestimmten Verhältnisse besteht. Obschon bei jenen Gattungen, deren Arbeiter 12 gliedrige Fühler haben, die Männchen 13 gliedrige Fühler besitzen, so macht Tetramorium eine Ausnahme, denn die Männchen derselben haben nur 10 gliedrige Fühler, die Arbeiter und Weibchen von Atta, Tranopelta, Stenamma, Apterostigma und Cryptocerus haben 11 gliedrige Fühler, die Männchen derselben 13 Fühlerglieder, wärend bei Cremastogaster die Arbeiter ebenfalls 11 Fühlerglieder, die Männchen aber 12 Glieder haben, der Arbeiter von Myrmicaria endlich hat nur 7 gliedrige Fühler, wärend das Männchen 13 gliedrige Fühler hat. Bei allen Ameisen haben die Weibchen ebenso viele Fühlerglieder wie die Arbeiter, und doch findet sich wieder eine Ausnahme, indem bei Solenopsis der Arbeiter 10-, das Weibchen 11-, und das Männchen 12 gliedrige Fühler hat, diese Unregelmässigkeiten erschweren ungemein das Zusammenstellen der Geschlechter, wenn man sie nicht in demselben Neste gefunden hat, wie diess natürlich durchwegs bei Bernsteinameisen der Fall ist.

Diese Gattung bildet dadurch das Uebergangsglied zwischen den vorhergehenden Gattungen zu den nächstfolgenden, indem der After beim Arbeiter wie bei den vorhergehenden gebildet ist, wärend der Clypeus, wie bei der folgenden, zwischen die Fühlergelenke eingeschoben ist.

1. Gesomyrmex Hörnesi n. sp.
Fig. 38—41.

Operaria: Long. corp. 4.2—6 ᵐᵐ. Dispersissime pubescens, abdomine postice et infra pilis nonnullis abstantibus; subtilissime coriaceo-rugulosa, abdomine transversim ruguloso, mandibulae subtilissime striolatae, margine masticatorio 8—9 dentato.

In der phys.-ökon. Ges. 6 Stücke (No. 21, 36, 41, 345, 380, 539), im Wiener min. Hofkabinete 1 Stück, in Coll. Berendt 4 Stücke, in Coll. Duisburg 1 Stück (No. 43), in Coll. Menge 5 Stücke, in Coll. Sommerfeldt 1 Stück (No. 25). Ich besitze 2 Stücke, darunter ein sehr schlecht erhaltenes, welches zu dieser Gattung gehört, welches aber wegen den Oberkiefern, die nur sechszähnig sind und anders geformt zu sein scheinen, vielleicht nicht zu dieser Art gehören dürfte.

Mas: Long. corp. 8 ᵐᵐ. Haud pilosus; caput et thorax subtilissime coriaceo-rugulosa et punctis dispersis; alae anticae longitud. 6.8 ᵐᵐ.

Ein Stück in der phys.-ökon. Ges. (No. 33).

Arbeiter. Gelb oder braun, mit einer sehr feinen und sehr zerstreuten anliegenden Pubescenz. Eine abstehende Behaarung findet sich wol nur an der Unterseite des Hinterleibes und auch an der Oberseite sind nahe der Spitze einige solche Haare. Die Skulptur ist eine feine, ziemlich scharfe und sehr dichte Chagrinirung, die aber am Hinterleibe seichter ist. Die Mandibeln sind fein längsgestreift und haben einen 8—9 zähnigen Kaurand.

Männchen. Braunschwarz (doch ist das Stück sehr zersetzt), am Kopfe und Thorax sehe ich eine sehr feine lederartige Runzelung mit zerstreuten Punkten. Die Schuppe und der Hinterleib sind bei dem mir vorliegenden Exemplare von den Flügeln gedeckt. Die Flügel sind wasserhell mit dunklen Rippen.

9. Hypoclinea Mayr.

Operaria et Femina: Mandibulae triangulares margine masticatorio longo dentato. Palpi maxillares sex-, labiales quatuor-articulati. Clypeus triangularis angulo postico fortiter rotundato inter antennarum articulationes interserto. Antennae 12-articulatae. Ocelli nulli in Operaria. Metanotum muticum aut bispinosum. Petiolus supra cum squama. Abdomen, a supero visum, segmentis quatuor, ano infero rimaeformi, non ciliato. Calcaria omnia pectinata.

Mas: Mandibulae triangulares margine masticatorio multidenticulato. Palpi et clypeus ut in Operaria et Femina. Antennae 13-articulatae. Petiolus supra cum squama aut cum nodo.

Alae anticae cellulis cubitalibus duabus.

Arbeiter. Der Kopf ist, mit hinzugerechneten Oberkiefern, dreieckig mit gerundeten Ecken und im flachen Bogen ausgebuchteten Hinterrande, oder er ist mehr eiförmig und dann stärker gewölbt. Die Oberkiefer sind breit dreieckig mit gezähntem Kaurande. Der dreieckige Clypeus ist hinten stark abgerundet und daselbst zwischen die Fühlergelenke eingeschoben, er ist nicht gekielt und hat bei manchen Arten eine Längsfurche. Die Schildgrube geht vollkommen in die Fühlergrube über. Die Stirnleisten sind nicht breit. Die Fühler sind 12gliedrig, die Geissel ist gegen das Ende wenig dicker als am Grunde. Das Stirnfeld ist bei mehreren Arten sehr deutlich ausgeprägt. Die Netzaugen liegen in oder etwas vor der Mitte der Kopfseiten. Punktaugen sind nicht vorhanden. Der Thorax ist bei den meisten Arten zwischen dem Mesonotum und Metanotum eingeschnürt; das Metanotum ist sehr verschieden gebildet, es ist unbewehrt und der Basaltheil geht gerundet in den abschüssigen Theil über, oder es ist der Basaltheil von dem abschüssigen Theile durch eine scharfe quere Kante getrennt, oder endlich hat es zwei lange Dornen. Das Stielchen hat eine aufrechte oder schief nach vorne geneigte Schuppe, welche bei den Bernsteinarten stets unbewehrt ist. Der Hinterleib besteht, von oben gesehen, nur aus vier Segmenten, so dass das fünfte Segment, welches den querspaltförmigen unbewimperten After enthält, vor dem Hinterrande des das hintere Ende des Hinterleibes bildenden Rückenstückes des vierten Segmentes liegt, wodurch sich diese Gattung von allen vorhin beschriebenen Gattungen unterscheidet. Die Beine sind mässig lang und alle Sporne gekämmt.

Weibchen. Der Kopf ist so wie beim Arbeiter gebildet, nur sind die Netzaugen grösser und 3 Punktaugen sitzen am Scheitel. Das Metanotum ist entweder gerundet, so dass der Basaltheil ohne sichtbarer Grenze in den abschüssigen Theil übergeht, oder er ist winkelig, wo der horizontale Basaltheil vom senkrechten abschüssigen Theile durch eine scharfe Querkante getrennt ist. (Das noch nicht bekannte Weibchen von Hypoclinea cornuta dürfte jedenfalls am Metanotum zwei Dornen haben, welche aber kürzer als beim Arbeiter sein würden). Die Schuppe des Stielchens ist ziemlich ähnlich der des Arbeiters, ebenso der Hinterleib mit dem After und die Beine.

Männchen. Der Kopf ist ziemlich rundlich, kaum so breit als der Thorax. Die breiten, dreieckigen Oberkiefer haben einen langen, vielzähnigen Kaurand, dessen vordere Zähne grösser als die hinteren sind. Der Clypeus ist wie beim Arbeiter und Weibchen geformt und hinten zwischen die Fühlergelenke eingeschoben. Die Schildgrube geht vollkommen in die ihr nabeliegende Fühlergrube über. Die Stirnleisten sind kurz. Die Fühler sind 13 gliedrig; ihr Schaft ist so lang oder kürzer als die zwei ersten Geisselglieder zusammen; die Geissel ist fadenförmig. Der Thorax ist vorne abgerundet und hinten schief gerundet-gestutzt. Das Stielchen hat oben eine Schuppe oder einen Knoten. Der Hinterleib ist eiförmig.

Die Vorderflügel der Weibchen und Männchen haben zwei Cubitalzellen, eine Discoidalzelle und eine ganz geschlossene Radialzelle.

Diese Gattung unterscheidet sich von den vorher beschriebenen Gattungen (ausser Gesomyrmex) durch den zwischen die Fühlergelenke eingeschobenen Clypeus, den an der Unterseite des Hinterleibes liegenden querspaltigen, nicht gewimperten After der Weibchen und Arbeiter, und durch die Vorderflügel, welche zwei Cubitalzellen haben. Gesomyrmex hat den Clypeus wol auch zwischen die Fühlergelenke eingeschoben, unterscheidet sich aber leicht durch den am Ende des Hinterleibes liegenden, gewimperten kreisrunden After des Arbeiters, durch die nur mit einer Cubitalzelle versehenen Vorderflügel des Männchens, so wie durch viele andere oben angegebene Merkmale.

Ich habe hier die von mir in früheren Jahren aufgestellte Gattung Iridomyrmex als ein Synonym zu Hypoclinea gezogen, weil ich jetzt nicht mehr im Stande bin, ein konstantes Merkmal zu deren Trennung aufzufinden. Bis in die neueste Zeit konnte ich recht leicht die Arbeiter und Weibchen von Iridomyrmex durch den dreieckigen flachen Kopf, welcher hinter den Augen am breitesten ist, sowie durch das buckelig erhöhte Metanotum, welchem die Zähne oder Dornen, oder die scharfe Querkante zwischen dem Basal- und abschüssigen Theile fehlen, von Hypoclinea unterscheiden, wärend sie bei der letzteren Gattung einen ovalen Kopf haben, welcher an den Augen selbst am breitesten ist, und ein Metanotum besitzen, welches entweder bewehrt ist oder wenigstens eine scharfe Querkante zwischen dem Basal- und abschüssigen Theile hat. Durch in neuester Zeit erfolgte Zusendungen haben sich aber diese Merkmale als unzuverlässlich erwiesen. So hatte mir Herr Lowne, welcher australische Ameisen beschrieben und die Freundlichkeit hatte, mir mehrere von ihm beschriebene Arten zuzusenden, eine Hypoclinea gesendet, welche er unter dem Namen Acantholepis Kirbii beschrieben hat; diese Art stimmt aber nach dem Kopfbaue mit Iridomyrmex überein, wärend das Metanotum zwei Dornen hat. . Auch von Herrn Marquese de Doria erhielt ich dieser Tage Ameisen aus Borneo, welche Mittelglieder zwischen diesen zwei Gattungen sind.

Da nun die mir bisher bekannten Männchen von Iridomyrmex und Hypoclinea sich auch durch kein wesentliches Merkmal unterscheiden, so bin ich genöthigt, die jüngere Gattung Iridomyrmex einzuziehen und als ein Synonym der Gattung Hypoclinea unterzuordnen.

Die Bernsteinarten der Gattung Hypoclinea lassen sich auf folgende Weise unterscheiden:

Arbeiter und Weibchen.

1. Das Metanotum ist buckelig, unbewehrt, und der Basaltheil geht ohne Grenze bogig in den abschüssigen Theil über; der Kopf ist ziemlich flach und mehr oder weniger dreieckig mit gerundeten Ecken 2

Das Metanotum hat zwischen dem Basal- und dem abschüssigen Theile eine scharfe schneidige Querkante oder es hat 2 lange Dornen 4

2. Die Geisselglieder 2 — 10 sind ziemlich ebenso lang als dick; der Schaft reicht nicht bis zum Hinterrande des Kopfes; der Clypeus hat vorne in der Mitte keinen Eindruck; der Thorax oben ohne Einschnürung; Körperlänge 2.5—4 ᵐᵐ. . . . . *H. Goepperti* ☿ ♀.

— — 2—4 sind doppelt so lang als dick; der Schaft überragt den Hinterrand des Kopfes; der Thorax ist eingeschnürt 3

3. Der Clypeus hat vorne in der Mitte keinen Eindruck; der Thorax ist zwischen dem Mesonotum und Metanotum deutlich, aber nicht tief, eingeschnürt, die Einschnürung selbst hat keine Längskielchen, das Metanotum ist, von der Seite gesehen, gerundet; Körperlänge 4—7 ᵐᵐ . . . . *H. Geinitzi* ☿ ♀.

— — — — — — einen Eindruck; der Thorax ist zwischen dem Mesonotum und Metanotum tief eingeschnürt, die Einschnürung selbst hat Längskielchen, das Metanotum ist, von der Seite gesehen, winkelig; Körperlänge 4.3—5.2 ᵐᵐ *H. constricta* ☿.

4. Das Metanotum hat zwei lange Dornen . . . . *H. cornuta* ☿.

— — — keine Dornen 5

5. Die abschüssige Fläche des Metanotum ist tief ausgebuchtet 6

— — — — — schwach ausgebuchtet, oben senkrecht und unten schief . . . . *H. baltica* ☿ ♀.

6. Kopf und Thorax haben eine sehr grobe Punktirung . . . . *H. sculpturata* ☿.

— — — — — feine Skulptur . . . . *H. tertiaria* ☿ ♀.

Männchen.

1. Das erste Geisselglied ist fast so lang als das zweite; das vorletzte Geisselglied ist 1½ mal so lang als dick; die Vorderflügel sind so lang oder fast so lang als der Körper 2

— — — hat nur ein Drittheil der Länge des zweiten Gliedes oder noch weniger 3

— — — ist halb so lang als das zweite Glied; die Fühler reichen kaum bis zum Stielchen (wenn man sich dieselben zurückgelegt denkt); das vorletzte Geisselglied ist kaum doppelt so lang als dick; die Vorderflügel überragen bedeutend das Hinterleibsende und sind etwas länger, als die Länge des Körpers beträgt; Körperlänge 4.3—4.5 ᵐᵐ . . . *H. longipennis.*

2. Der Fühlerschaft ist so lang, als die zwei ersten Geisselglieder zusammen lang sind; die Fühler reichen kaum bis zum Schildchen; Körperlänge 3 ᵐᵐ. . . . . *H. Goepperti.*

— — — etwas länger als die zwei ersten Geisselglieder zusammen; die Fühler reichen bis zum Schildchen; Körperlänge 4.2—4.6 ᵐᵐ. . . . . *H. Geinitzi.*

3. Körperlänge: 8 ᵐᵐ. Die Fühler reichen bis zur Mitte des Hinterleibes, das erste Geisselglied hat weniger als ein Drittheil der Länge

des zweiten Gliedes, das vorletzte Geisselglied ist beiläufig dreimal so lang als dick; die Länge der Vorderflügel ist geringer als die des ganzen Körpers . . . . *H. baltica.*

Körperlänge: 3.5—4 ᵐᵐ. Die Fühler reichen bis zum Metanotum; die Länge des ersten Geisselgliedes beträgt ein Drittheil des zweiten Gliedes, das vorletzte Geisselglied ist weniger als doppelt so lang als dick; die Vorderflügel überragen nur wenig die Hinterleibsspitze und sind kürzer als der Körper . . . *H. tertiaria.*

1. Hypoclinea Goepperti n. sp.
Fig. 3—7, 42—46.

Operaria: Long. corp. 2.5—4 ᵐᵐ. Microscopice pubescens, fere absque pilis abstantibus longis, subtilissime coriaceo-punctata; mandibulae 9—10 denticulatae, disperse punctatae; scapus capitis marginem posticum vix attingens; funiculi articuli (basali et apicali exceptis) longitudine et crassitudine subaequales, basales minores; thoracis dorsum longitrorsum convexum, solummodo suturis duabus interruptum; petioli squama antrorsum paulo inclinata, rotundato-ovata, ab abdomine partim obtecta.

In der Sammlung der phys.-ökon. Ges. 268 Stücke (Nro. 3, 4, 7, 10, 24, 30, 37, 39, 42, 44—46, 53, 56—58, 68—71, 74, 76—83, 89—92, 95, 97, 98, 100, 102, 106, 112—114, 119, 121—123, 125, 126, 128, 131, 135, 139, 144, 145, 149, 153—155, 157, 160, 161, 164—166, 169, 171—175, 177, 182, 184—186, 188, 190, 195, 199, 200, 209, 213—215, 222, 224, 226, 228, 229, 232, 233, 236, 240, 242, 243, 245—247, 252, 253, 255—258, 262—265, 267, 268, 271, 275, 279, 280, 282, 285, 286, 288, 291, 294—300, 302—304, 310—312, 316—318, 320—323, 325, 326, 328, 329, 333—335, 339—341, 344, 347, 348, 351, 353, 356, 357, 359—361, 365—367, 370—372, 375, 376, 378, 381, 382, 386, 389, 392, 397, 399, 403, 406, 409, 412, 415, 417—421, 423, 426, 430—432, 434, 437—439, 442, 445, 449, 451, 454, 455, 463—465, 467, 471, 474, 476, 479—481, 483, 491, 497, 503, 509—512, 517, 519, 520, 523, 526, 529, 531—534, 537, 538, 542, 550, 552, 554, 555, 557, 562, 566, 569, 575, 577, 582, 585, 587—590, 595, 597, 598, 600, 604, 607, 608, 610—612, 614—616, 618, 619, 631—636), im Mus. Dorpat 9 Stücke, im Berliner Museum 22 Stücke (Nr. 1, 2, 6—8, 13, 15, 16, 18—20, 23—25, 27, 28, 33, 42—45, 49), im Dresdener Mus. 1 Stück, im min. Hofkab. in Wien 1 Stück, in Coll. Berendt 30 Stücke, in Coll. Brischke 9 Stücke, in Coll. Duisburg 25 Stücke (Nr. 1, 12—14, 17, 18, 23, 27, 37, 44 a und b, 47, 49—51, 53, 56 a, 58, 61 a, 63, 64, 66, 68, 70, 72), in Coll. Klinsmann 6 Stücke, in Coll. Künow 8 Stücke (Nr. 1, 4, 7, 9—12, 14), in Coll. Mayr 24 Stücke, in Coll. Meier 11 Stücke, in Coll. Menge 42 Stücke, in Coll. Schiefferdecker 12 Stücke (Nr. 3, 9, 12—14, 18, 20, 23, 32, 33, 37, 39), in Coll. Sommerfeldt 17 Stücke (Nr. 3, 4, 7, 9, 11, 14—16, 26—34).

Femina: Long. corp. 5.3—5.8 ᵐᵐ. Microscopice pubescens, fere absque pilis abstantibus; subtilissime punctato-coriacea; mandibulae disperse punctatae; scapus capitis marginem posticum haud attingens; funiculus articulis (basali et apicali longioribus exceptis) quam longis tam crassis aut paulo crassioribus; metanotum absque carina transversa; petioli squama ut in Operaria; alae hyalinae costis ochraceo-fuscis.

In der phys.-ökon. Ges. 1 Stück (Nro. 521), im Berliner Museum 1 Stück (Nro. 40), in Coll. Menge 1 Stück.

Mas: Long. corp. circiter 3 mm. Caput et thorax subtilissime punctulata; antennae breves; scapus articulis funiculi duobus basalibus ad unum aequilongus; funiculi articulus basalis paulo incrassatus, distincte longior quam crassior, articulus secundus distincte longior primo, articulus tertius paulo brevior secundo, articuli 4—11 subaequales, apicales paulo breviores, articulus ultimus longior penultimo.

In Coll. Menge 1 Stück, in Coll. Mayr 1 Stück.

Arbeiter. Rostroth oder rothbraun, nur im zersetzten Zustande schwarz; der Körper ist mit einer sehr feinen, kurzen, anliegenden, nicht dichten Pubescenz bedeckt und hat nur am Clypeus und nahe dem Hinterleibsende einige lange abstehende Haare. Die Skulptur ist eine sehr feine Punktirung mit einer eben solchen lederartigen Runzelung. Der ziemlich flache Kopf ist mit den Mandibeln gerundet-dreieckig, hinten am breitesten. Die Oberkiefer sind zerstreut grobpunktirt und wie gewöhnlich behaart, ihr Kaurand ist meist 9 bis 10zähnig. Die Kiefertaster sind ziemlich kurz und erreichen lange nicht das Hinterhauptsloch. Der Fühlerschaft erreicht nicht ganz den Hinterrand des Kopfes; die Glieder der Geissel sind im allgemeinen ebenso lang als dick, nur das Basalglied und das Endglied sind viel länger, übrigens kommen kleine Abweichungen besonders am zweiten Gliede vor, welches manchmal deutlich dicker als lang ist. Der Rücken des ziemlich gedrungenen Thorax ist von vorne nach hinten flach bogig gewölbt; die Pro-Mesonotalnaht ist sehr deutlich, die Meso-Metanotalnaht stets stärker ausgeprägt. Der Basaltheil des unbewehrten Metanotum geht bogig in den abschüssigen Theil über. Die ziemlich kleine eiförmige Schuppe ist fast aufrecht, doch deutlich etwas nach vorne geneigt, sie ist vorne schwach gewölbt und hinten flach. Der vorderste Theil des Hinterleibes reicht oben weiter nach vorne als unten. Manchmal ist der Thorax zwischen dem Mesonotum und Metanotum deutlich, obwol nicht stark, eingeschnürt, und in der Einschnürung liegt ein querer schmaler Wulst, welcher an seinen Enden die Athemlöcher trägt, und vom eigentlichen Mesonotum durch eine Furche abgetrennt ist. Es ist diess eine Bildung, welche bei Ameisen öfters vorkömmt, und bei den grossen Arbeitern der Gattung Pheidologeton ihre höchste Ausbildung erreicht. Es ist diess, so zu sagen, eine höhere individuelle Entwicklungsstufe, eine Annäherung an das entwickelte Weibchen, da ja die Arbeiter doch nur wie bei den Bienen normal unentwickelte Weibchen sind. Am deutlichsten ist diese Wulst- oder Schildchenbildung bei den Stücken Nro. 56, 98, 253 der phys.-ökon. Ges., und bei Nr. 12 in Coll. Duisburg zu sehen.

Weibchen. Von den drei mir vorliegenden Stücken zeigt nur Nr. 521 der phys.-ökon. Ges. die rothbraune Körperfarbe mit braungelben Fühlern und Beinen, wärend die beiden anderen von einer weissen Bernstein- (oder eigentlich Luft-) Schichte umgeben sind und nur bei einem die dunkle Farbe erkennbar ist. Die abstehende Behaarung fehlt fast, denn nur die Hinterhälfte des Hinterleibes ist spärlich behaart, so wie am Clypeus, an der Stirn, an den Hüften und an der Unterseite der Basalhälfte der Schenkel einige lange Haare zu sehen sind. Die Kopfform ist wie beim Arbeiter. Die Geissel ist reichlich kurz behaart. Die Oberkiefer sind, wie gewöhnlich, mässig behaart und diese Haare entspringen aus zerstreuten Punkten. Die sehr feine Skulptur ist wie beim Arbeiter. Die Fühler sind im allgemeinen wie beim Arbeiter gebildet, indem der ziemlich kurze Schaft nicht bis zum Hinterrande des Kopfes reicht, und die kurzen Glieder der Geissel so lang als dick, oder theilweise etwas länger oder etwas dicker sind, blos das erste und das letzte Glied ist viel länger. Der Thorax hat ein gerundetes Metanotum und er scheint mehr flachgedrückt zu sein als bei H. Geinitzi. Die Schuppe des Stielchens ist schwach nach vorne geneigt, rundlich, mit gerundetem Rande. Der Hinterleib ist etwas länger als der Thorax. Die Beine sind ziemlich kurz. Die Flügel sind fast wasserhell, deren Flügelmal ist braun und die meisten Rippen mehr ockergelb.

Männchen. Die zwei mir vorliegenden Stücke sind wol nicht gut erhalten, ich glaube aber doch, dieselben zu dieser Art stellen zu sollen. Zu der obigen Diagnose wäre nur beizufügen, dass der Körper braunschwarz ist, und die Fühler und Beine braun sind. Bei einem Stücke ist der Fühlerschaft zurückgelegt und der Gelenkskopf nicht sichtbar, so dass man deutlich den Clypeus nicht zwischen die Fühlergelenke eingeschoben zu sehen glaubt.

2. Hypoclinea Geinitzi n. sp.
Fig. 47—49.

Operaria: Long. corp. 4—7^{mm}. Microscopice pubescens, fere absque pilis abstantibus (rare pilosa), clypeo et abdomine postice pilosis; subtilissime punctato-coriacea; scapus capitis marginem posticum superans; funiculus articulis basalibus 3—4 duplo longioribus quam crassioribus; thoracis dorsum inter mesonotum et metanotum distincte at haud fortiter impressum, strictura absque carinulis; metanotum inerme et absque carina transversa; petioli squama, ab abdomine partim obtecta, ovata aut subrhomboideo-ovata.

In der phys.-ökon. Ges. 66 Stücke (Nro. 9, 11—13, 17, 22, 23, 25, 28, 31, 34, 43, 52, 66, 115, 118, 156, 180, 193, 220, 230, 244, 273, 276, 287, 292, 293, 313, 327, 336, 338, 379, 383, 385, 394, 400, 401, 408, 425, 427, 429, 436, 441, 457, 458, 460, 469, 475, 492, 499, 508, 513, 528, 535, 553, 565, 567, 573, 584, 593, 602, 609, 617, 620, 625, 626), im Mus. Dorpat 5 Stücke, im Berliner Mus. 7 Stücke (Nro. 3, 4, 11, 14, 17, 41, 47), im Dresdner Mus. 1 Stück, im min. Hofkab. in Wien 2 Stücke, in Coll. Berendt 15 Stücke, in Coll. Brischke 5 Stücke, in Coll. Duisburg 12 Stücke (Nro. 2, 3, 6, 10, 19, 26, 30, 32, 45, 56b, 57, 62), in Coll. Klinsmann 3 Stücke, in Coll. Mayr 9 Stücke, in Coll. Meier 4 Stücke, in Coll. Menge 9 Stücke, in Coll. Schiefferdecker 6 Stücke (Nro. 5—7, 11, 19, 25), in Coll. Sichel 1 Stück, in Coll. Sommerfeldt 9 Stücke (Nro. 5, 13, 18, 34, 35—39).

Femina: Long. córp. circa 7^{mm}. Subtilissime coriaceo-rugulosa; fere absque pilis abstantibus; mandibulae disperse punctatae; antennae et metanotum ut in Operaria; petioli squama erecta, alta, subovata, a latere visa infra incrassata supra acuta; pedes haud breves; alae subhyalinae costis fuscis.

Ein Stück in Coll. Menge und ein schlecht conservirtes im Mus. Dorpat.

Mas: Long. corp. 4.2—4.6^{mm}. Pubescens, absque pilis abstantibus; subtiliter dense punctatus; mandibulae subtiliter coriaceo-rugulosae punctis dispersis piligeris, margine masticatorio circiter 10-denticulato; antennae breves, scapus (capitulo omisso) paulo longior articulis funiculi duobus basalibus ad unum, funiculi articuli basales subaequilongi, duplo longiores quam crassiores, articuli apicales ad penultimum sensim leviter breviores, articulus penultimus nihilo minus longior quam crassior, articulus apicalis longissimus omnium, haud duplo longior penultimo; genitalium valvulae externae (pilosae) trigonae, apice rotundato; alae anticae longit. 4^{mm}, abdomen parum superantes, costis ochraceis.

In der phys.-ökon. Ges. 1 Stück (Nro. 206), in Coll. Menge 3 Stücke, in Coll. Mayr 1 Stück.

Arbeiter. Rostroth oder kastanienbraun, mit einer sehr feinen anliegenden Pubescenz wie bei H. Goepperti. Die abstehende Behaarung ist kaum reichlicher als bei der vorigen Art; der Clypeus ist mehr oder weniger spärlich abstehend behaart, die übrigen Theile des Kopfes sind fast ohne Borstenhaare, Schaft und Thorax zeigen manchmal einige solche Haare, der Hinterleib ist an seiner hinteren Hälfte nicht spärlich abstehend behaart, wärend er an der vorderen Hälfte meist nur wenige lange Haare hat. Das Stück Nro. 469 in der Sammlung der phys.-ökon. Ges. hat eine ziemlich reichliche abstehende Behaarung am ganzen Körper, ohne dass ich einen weiteren Unterschied zu finden im Stande wäre. Die Beine haben bei manchen Stücken einige abstehende lange Haare. Die Form des Kopfes ist wie bei der vorigen Art. Die Oberkiefer haben die gewöhnliche Behaarung. Die Skulptur ist wie bei H. Goepperti, nur scheint bei dieser die lederartige Runzelung die Punktirung zu überwiegen. Die Kiefertaster sind länger als bei der vorigen Art. Der Schaft der ziemlich langen Fühler überragt bedeutend den Hinterrand des Kopfes, die Glieder der gestreckten Geissel sind sämmtlich länger als dick, die ersteren Glieder derselben sind beiläufig doppelt so lang als dick und länger als die letzteren, mit Ausnahme des Endgliedes, welches länger als das vorletzte ist. Der Thorax ist zwischen dem Mesonotum und Metanotum wol deutlich, aber nicht stark eingeschnürt, in der Einschnürung ist keine Spur von kurzen Längskielchen (wie bei H. constricta) zu sehen. Das Metanotum ist nicht stark gewölbt im Vergleiche mit der nächstfolgenden Art, und der Basaltheil geht bogig ohne Spur einer Grenze in den wenig geneigten abschüssigen Theil über. Die Schuppe ist ebenso wie bei H. Goepperti etwas nach vorne geneigt, sie ist von hinten gesehen eiförmig, öfters aber deutlich rhombisch-eiförmig, indem sich seitlich stark abgerundete Ecken zeigen und der oberste Theil der Schuppe auch gerundet-winkelig ist.

Weibchen. Dunkelbraun oder schwarzbraun mit lichtkastanienrothen Fühlern und Beinen. Abstehende Haare finden sich sehr vereinzelt, nur die Unterseite des Hinterleibes ist reichlicher behaart. Eine Pubescenz kann ich an den mir vorliegenden Stücken nicht deutlich erkennen, obschon sie, wie beim Weibchen von H. Goepperti, vorhanden sein muss. Die Skulptur ist stellenweise, besonders am Kopfe, als eine sehr feine dichte Runzelung zu erkennen. Die Oberkiefer sind, wie bei der vorigen Art, an ihrem Kaurande breit. Die Fühler sind lang, ihr Schaft überragt den Hinterrand des Kopfes, die gestreckte Geissel hat alle Glieder länger als dick, die ersteren derselben sind länger als die letzteren, nur das Endglied ist wieder länger, das zweite und dritte Geisselglied ist beiläufig doppelt so lang als dick. Der Thorax erscheint mir weniger depress als bei dem Weibchen der vorigen Art, auch zeigt er sich deutlich seitlich compress. Die Schuppe des Stielchens ist hoch, fast senkrecht, unten dick und oben zugeschärft. Der Hinterleib ist etwas länger als der Thorax. Die Beine sind mässig lang, relativ länger als bei der vorigen Art. Die Flügel sind fast wasserhell, die Rippen und das Randmal braun.

Männchen. Braunschwarz, die Fühler und Beine mehr oder weniger lichter, die Schenkel sind aber immer ebenso dunkel wie der Körper. Die abstehende Behaarung fehlt fast gänzlich. Der Kopf und der Thorax zeigen bei meinem Stücke eine sehr schöne dichte, feine Punktirung, aus jedem Pünktchen entspringt ein anliegendes Häärchen, der Hinterleib hat aber mehr eine sehr feine lederartige Runzelung. Die breiten Mandibeln sind zerstreut punktirt. Der Schaft der ziemlich kurzen Fühler ist etwas länger als die zwei ersten Geisselglieder zusammen; die ersteren Glieder der fadenförmigen Geissel sind länger als die letzteren (mit Ausnahme des wieder längeren Endgliedes), das erste Geisselglied ist unbedeutend kürzer als das zweite Glied. Das Stirnfeld ist sehr undeutlich abgegrenzt. Der Thorax scheint fast etwas breiter, als der Kopf zu sein. Das Stielchen trägt oben eine rundliche, etwas verdickte Schuppe, welche vorne deutlich gewölbt, hinten ziemlich flach ist.

Die Arbeiter und Weibchen dieser Art unterscheiden sich von der vorhergehenden durch die bedeutendere Körpergrösse, den viel längeren Fühlerschaft sowie insbesondere durch die viel längeren Geisselglieder und durch die hohe Schuppe. Die Männchen sind

8*

von denen der vorigen Art besonders durch die bedeutendere Grösse und durch den etwas längeren Schaft unterschieden.

Bei Vergleichung mit den recenten Arten hat sie eine grosse Aehnlichkeit mit H. rufonigra Lowne, welche Art von diesem als Formica rufonigra beschrieben und in typischen Exemplaren mir freundlichst zugesendet worden ist.

3. Hypoclinea constricta n. sp.
Fig. 50, 51.

Operaria: Long. corp. 4.3—5.2 ᵐᵐ. Pilosa, microscopice coriaceo-rugulosa; mandibulae punctis dispersis piligeris; clypeus antice in medio impressus; scapus capitis marginem posticum paulo superans, funiculi articuli elongati; thorax inter mesonotum et metanotum fortiter constrictus et ibidem carinulatus; metanotum fortiter gibbosum, parte basali postice versus ascendenti, rotundatim transeunti in partem declivem deplanatam obliquam; petioli squama haud parum antrorsum inclinata ab abdomine partim obtecta; pedes absque pilis abstantibus.

In der phys.-ökon. Ges. 3 Stücke (Nr. 364, 413, 583), in Coll. Berendt 1 Stück, in Coll. Duisburg 1 Stück (Nr. 4), in Coll. Mayr 1 Stück, in Coll. Menge 2 Stücke. Sehr wahrscheinlich gehören hieher noch die Stücke Nr. 231 und 558 der phys.-ökon. Gesellschaft.

Arbeiter. Lichtkastanienbraun oder dunkelbraun; eine anliegende Pubescenz kann ich nicht deutlich sehen. Die langen aufrechten Haare sind spärlich, der Clypeus, die Hüften und die Hinterhälfte des Hinterleibes sind stärker behaart. Bei zwei Exemplaren (Nr. 364 der phys.-ökon. Ges. und Nr. 4 der Coll. Duisburg) sind die abstehenden Haare am ganzen Körper, besonders aber am Hinterleibe, viel reichlicher. Die Skulptur ist eine lederartige Runzelung, überdiess sehe ich am Scheitel und am Vordertheile des Thorax mehr oder weniger deutlich sehr zerstreute Punkte, aus welchen theilweise die Haare entspringen. Die Oberkiefer haben zerstreute haartragende gröbere Punkte. In Bezug der Skulptur findet sich eine interessante Täuschung an einem Stücke in der Menge'schen Sammlung, an welchem ich an der linken Seite des Kopfes zwischen dem Ursprunge des Fühlers und dem Netzauge radienartig vom Fühlergelenke nach rückwärts und seitwärts auslaufende Kielchen sehe, sie erscheinen so deutlich, dass ich an eine Täuschung nicht glauben könnte, wenn sich diese Kielchen nicht in das Auge selbst hinein ziehen würden; an der rechten Seite ist zwischen dem Fühlergelenke und dem Netzauge keine Spur solcher Kielchen oder Streifen zu sehen, so dass also kein Zweifel ist, dass diese Streifung nicht dem Thiere eigenthümlich ist. Der Schaft überragt etwas den Hinterrand des Kopfes, die Geissel ist wie bei H. Geinitzi. Der Thorax ist zwischen dem Mesonotum und Metanotum stark eingeschnürt, und diese Einschnürung hat sehr kurze deutliche Längskielchen, welche bei H. Geinitzi und Goepperti fehlen. Das Metanotum ist buckelig erhöht, so dass der Hinterrand des Basaltheiles der höchste Theil des Metanotum ist, der abschüssige Theil ist ziemlich stark geneigt und flach; der Hinterrand des Basaltheils (zugleich der Vorderrand des abschüssigen Theiles) ist quer, gerade, abgerundet und endet jederseits in eine stark abgerundete Ecke, so dass diese Bildung des Metanotum schon den Uebergang zur Metanotumform der folgenden Arten (ausser H. cornuta) macht. Das Stielchen trägt oben eine ovale, mässig nach vorne geneigte Schuppe, welche eine vordere senkrechte, etwas gewölbte, und eine hintere, schiefe ebene Fläche hat.

Zwitter. Zu dieser Art zähle ich auch ein Stück (Nr. 309) der phys.-ökon. Gesellschaft, welches vollkommen einem Arbeiter gleicht, aber einen vorne nicht eingedrückten Clypeus, 13gliedrige Fühler, ein anders geformtes Metanotum und äussere Genitalklappen hat. Der lange Fühlerschaft überragt weit den Hinterrand des Kopfes, die lange Geissel ist fadenförmig, ihre Glieder sind gestreckt, cylindrisch, ziemlich gleichlang, nur das Basalglied ist etwas kürzer und das Endglied etwas länger als die einzelnen übrigen Glieder. Der Hinterleib scheint nur aus fünf Segmenten, daher so vielen Gliedern als dem Arbeiter zukommen, zu bestehen, nur ist das letzte Segment (so wie stets bei den Männchen) hinter dem vorletzten (und nicht wie bei den Arbeitern vor diesem an der Unterseite des Hinterleibes) gelegen, so dass es zur Verlängerung des Hinterleibes beiträgt. Die äusseren Genitalklappen sind behaart, dreieckig, nicht breit und am Ende abgerundet. Das Metanotum ist länger als beim Arbeiter gestreckt, oben in der Längsrichtung vorne gewölbt, in der Mitte gerade und hinten schief abfallend.

4. Hypoclinea cornuta n. sp.
Fig. 52.

Operaria: Long. corp. 7.5—8 mm. Sparsissime pilosa, subtiliter coriaceo-rugulosa; clypeus antice in medio impressus; thorax pone medium non constrictus; metanotum spinis 2 longis divergentibus et paulo curvatis; petiolus supra cum squama incrassata, paulo antrorsum inclinata.

In der phys.-ökon. Gesellsch. 1 Stück (Nr. 493), in Coll. Berendt 3 Stücke, in Coll. Menge 5 Stücke.

Arbeiter. Schwarzbraun, mit sehr zerstreuten, nicht langen, wenigen, nur am Hinterleibsende reichlicheren, abstehenden Haaren; fein lederartig gerunzelt. Die Oberkiefer haben zerstreute grobe Punkte und ziemlich kurze, schief abstehende Haare. Der Clypeus ist vorne in der Mitte deutlich eingedrückt, hat aber keine Mittellängsfurche, er hat mehr die flache Form wie bei den vorigen Arten. Der Schaft überragt etwas den Hinterrand des Kopfes. Der Thorax ist oben vorne convex, hinter der Mitte breit bogig sattelförmig eingedrückt, ohne Einschnürung. Das Pronotum hat vorne beiderseits einen nicht sehr deutlichen gerundeten kleinen Höcker. Das Metanotum trägt zwei lange, starke, schief nach oben, hinten und aussen gerichtete, etwas gekrümmte Dornen. Das Stielchen hat oben eine verdickte, gerundet-viereckige, fast senkrechte, doch etwas nach vorne geneigte Schuppe.

Diese Art unterscheidet sich von allen Bernsteinarten dieser Gattung auffallend durch die Dornen des Metanotum. Sie erinnert einigermassen an manche Arten der Gattung Polyrhachis, sie ist aber durch die Genusmerkmale leicht zu unterscheiden, da Polyrhachis in Betreff der charakteristischen Kopftheile sich wie Camponotus verhält, und der Hinterleib, von oben gesehen, 5 Segmente und den kleinen kreisrunden After an der Hinterleibsspitze hat. (Es sei diess deshalb bemerkt, weil ich einen Polyrhachis Arbeiter in Copal eingeschlossen vom Dresdner Museum als Bernsteinameise zur Ansicht erhalten habe und daher eine Verwechslung möglich wäre).

Bei Vergleichung dieser Art mit den recenten Hypoclinea-Arten steht dieselbe der neuholländischen H. foveolata Lowne [*]) zunächst, obschon beide nicht unbedeutend differiren, denn H. foveolata hat eine ganz grobe Skulptur am Kopfe, am Thorax und an der Schuppe (wie die nächstfolgende Art am Kopfe und am Thorax), ferner hat sie keine Höcker am Pronotum und die Schuppe ist senkrecht gestellt.

---

[*]) Herr Lowne hat mir ein Exemplar der von ihm beschriebenen Polyrhachis foveolata gesendet, welches sich aber als eine Hypoclinea erwiesen hat.

5. Hypoclinea sculpturata n. sp.
Fig. 53—55.

Operaria: Long. corp. 5 ᵐᵐ Crebre erecte pilosa; caput et thorax dense foveolata, mandibulae punctis dispersis, abdomen sublaeve; clypeus longitudinaliter rugosus sulco mediano longitudinali; thorax inter mesonotum et metanotum profunde constrictus, metanotum elevatum, postice margine transverso acuto, partem basalem et partem declivem separanti, parte basali fortiter convexa, antice angustata, postice dilatata, angulis posticis rotundatis, parte declivi profunde excavata; petiolus cum squama suberecta, incrassata, subquadrata, marginibus et angulis rotundatis.

In der phys.-ökon. Ges. 1 Stück (Nr. 374), 1 Stück in Coll. Menge.

Arbeiter. Rothbraun, theilweise dunkelbraun, die Oberkiefer, Fühler und Beine dunkel rostroth; mässig aufrecht behaart, die Beine mit schief abstehenden langen Haaren. Der Kopf und der Thorax sind sehr grob, tief und dicht punktirt oder gegrubt, die Mandibeln sind ziemlich zerstreut punktirt, die Fühler, das Stielchen, der Hinterleib und die Beine sind sehr fein lederartig gerunzelt. Der Clypeus ist grob längsgerunzelt und hat eine mittlere, gleichbreite, starke Längsfurche, welche den ganzen Clypeus durchzieht. Der Schaft überragt den Hinterrand des Kopfes; die ersteren Glieder der Geissel sind beiläufig doppelt so lang als dick, die letzteren (mit Ausnahme des spindelförmigen grösseren Endgliedes) nur unbedeutend länger als dick. Der Thorax ist zwischen dem Mesonotum und Metanotum sehr stark zusammengeschnürt und daselbst von vielen kurzen Längskielchen durchzogen. Das Pronotum hat keine Höcker und ist vorne am halsartigen Theile zunächst dem Kopfgelenke fein quergestreift. Das Metanotum ist stark erhöht und hat hinten einen scharfen, queren, in der Mitte schwach ausgebuchteten Rand, welcher den Basaltheil vom abschüssigen Theile trennt; der Basaltheil ist stark gewölbt, trapezförmig, vorne schmäler als hinten, mit abgerundeten Hinterecken, der abschüssige Theil ist, von oben nach unten, stark concav, und erscheint daher, von der Seite gesehen, stark ausgebuchtet, so dass die dicke, gerundet-viereckige, etwas nach vorne geneigte Schuppe in diese Höhlung eingelegt werden kann. Der vorderste Theil des Hinterleibes reicht oben mehr nach vorne als unten.

6. Hypoclinea tertiaria n. sp.
Fig. 56—60.

Operaria: Long. corp. 3.4—6 ᵐᵐ. Nitida, pilosa, subtiliter coriaceo-rugulosa; mandibulae punctis dispersissimis; clypeus longitudinaliter striatus, sulco mediano longitudinali haud profundo, laevigato; genae disperse rude punctatae; thorax inter mesonotum et metanotum constrictus et ibi dense longitudinaliter carinato-striatus; metanotum praecipue lateraliter rude disperse punctatum, postice inter partem basalem et declivem margine acuto transverso, in medio distincte emarginato, parte basali aequilata, longiore quam latiore, angulis posticis rotundatis, parte declivi profunde excavata; petiolus elongatus, rude carinato-striatus, antice supra cum nodo transverso, modice antrorsum inclinato.

In der phys.-ökon. Ges. 21 Stücke (Nr. 86, 87, 134, 136, 140, 178, 194, 238, 270, 305, 355, 362, 388, 433, 466, 496, 514, 518, 540, 571, 624), im Berliner Museum zwei Stücke (Nr. 31, 32), in Coll. Berendt 2 Stücke, in Coll. Brischke 1 Stück, in Coll. Duisburg 2 Stücke (Nr. 24, 69), in Coll. Klinsmann 2 Stücke, in Coll. Künow 1 Stück (Nr. 13), in Coll. Mayr 3 Stücke, in Coll. Menge 2 Stücke.

Femina: Long. corp. 3.8—5.3 mm. Nitida, sparse pilosa, subtilissime coriaceo-rugulosa; mandibulae sparsissime punctatae; clypeus ut in Operaria; genae disperse rude punctatae; scapus ad capitis marginem posticum extensus; funiculi articulus penultimus circiter quam longus tam latus; thorax compressus; metanotum postice inter partem basalem et declivem margine acuto transverso, parte declivi profunde excavata; petiolus elongatus rude carinato- striatus, antice supra cum nodo transverso, modice antrorsum inclinato; alae, anticae abdomen parum superantes subhyalinae costis ochraceis.

In Coll. Berendt 3 Stücke, in Coll. Menge 3 Stücke, in der phys.-ökon. Ges. 1 Stück (Nr. 501).

Mas: Long. corp. 3.5—4 mm. Subtilissime coriaceo-rugulosus; fere absque pilis abstantibus; mandibulae disperse punctatae; antennae haud longae, scapo brevissimo, funiculi articulus basalis brevissimus, paulo longior quam crassior, articulus secundus longitudine scapi triplo longior articulo basali, articuli ceteri subaequilongi, distincte breviores secundo, articulus apicalis longitudine articuli secundi, petiolus supra cum nodo transverso - ovato; alae anticae longit. 2.8—3 mm.

Ein Bernsteinstück mit mehr als einem Dutzend Exemplaren in Coll. Menge, in Coll. Berendt 2 Stücke, in der phys.-ökon. Ges. 1 Stück (Nr. 130).

Arbeiter. Dunkelbraun, selten (wie die vielleicht noch unausgefärbten Stücke Nro. 388 und 514 der phys.-ökon. Ges.) lichtbraun. Die abstehende Behaarung ist gewöhnlich spärlich, nur bei einem Klinsmann'schen Stücke ist sie sehr reichlich. Die Skulptur ist eine sehr feine, am Kopfe und am Thorax ziemlich scharfe, lederartige Runzelung, welche bei manchen mässig gut erhaltenen Stücken schwer zu sehen ist, während sie bei anderen recht deutlich ist. Die Oberkiefer sind sehr zerstreut punktirt. Die Kiefertaster reichen fast bis zum Hinterhauptloche. Der längsgestreifte Clypeus hat in der Mitte eine seichte glatte Längsfurche. Der Fühlerschaft reicht bis zum Hinterrande des Kopfes; die zwei ersten Geisselglieder sind deutlich länger als die folgenden, mit Ausnahme des wieder längeren Endgliedes, das vorletzte Glied ist ebenso lang als dick. Die Wangen sind grob zerstreut punktirt. Der Thorax ist zwischen dem Mesonotum und Metanotum stark eingeschnürt und daselbst sowol oben als an den Seiten grob längsgestrichelt. Das Pronotum ist ganz vorne zunächst dem Kopfe fein quer gerunzelt. Das Metanotum ist, besonders an den Seiten, grob punktirt, es hat einen queren, in der Mitte schwach ausgebuchteten, scharfen Hinterrand der Basalfläche, welche länglich viereckig, vorne und hinten ziemlich gleichbreit, und von vorne nach hinten so wie von einer Seite zur anderen ziemlich gleichmässig und nicht stark gewölbt ist; die abschüssige Fläche ist von oben nach unten stark ausgehöhlt. Das grob längsgestreifte Stielchen trägt oben ziemlich weit vorne eine knotenförmige, quere Schuppe, welche schief nach oben und vorne gerichtet ist und in die Aushöhlung des Metanotum passt.

Weibchen. Die Farbe des Körpers stimmt mit der des Arbeiters überein. Die feine lederartige Skulptur ist bei den mir vorliegenden Stücken meist nur undeutlich zu sehen, meist erscheinen der Kopf, der Thorax und der Hinterleib glatt und stark glänzend; hingegen ist die sehr zerstreute Punktirung der Oberkiefer, die ziemlich dichte Längsstreifung des Clypeus mit der fast glatten Längsfurche desselben, die grobe Punktirung der Wangen und die kielartige Längsstreifung des Stielchens theilweise sehr deutlich zu sehen. Die Fühler und das Stielchen sind so wie beim Arbeiter. Der Thorax ist seitlich compress, ziemlich schmal und scheint etwas schmäler als der Kopf zu sein. Die scharfe Querkante des Metanotum, welche den Basaltheil vom abschüssigen Theile trennt, so wie der tiefe von oben nach unten bogenförmige Ausschnitt des abschüssigen Theiles sind so wie beim Arbeiter. Ob die quere Kante des Metanotum in der Mitte ausgerandet ist, kann ich nicht sehen.

Männchen. Braunschwarz, die Fühler und Beine braun, die Tarsen ockergelb; fast ohne abstehende Behaarung; sehr fein lederartig gerunzelt, der Kopf und der Thorax haben überdiess sehr zerstreute und sehr oberflächliche Pünktchen. Die Mandibeln haben zerstreute haartragende Punkte. Die Kiefertaster überragen etwas den Vorderrand des Hinterhauptloches. Die Fühler reichen, wenn sie zurückgelegt gedacht werden, bis zum Metanotum; ihr sehr kurzer Schaft reicht nicht bis zum Hinterrande des Netzauges und ist etwa so lang als das zweite Geisselglied; das Basalglied der Geissel ist um weniges länger als dick, nur $1/3$ so lang als das zweite Glied, welches (mit Ausnahme des ebenso langen Endgliedes) das längste von allen ist, die übrigen Glieder sind ziemlich gleichlang, doch sind die Basalglieder vom 3. angefangen, gut doppelt so lang als dick, wärend die letzteren etwas weniger als doppelt so lang wie dick sind. Das Stielchen selbst ist ziemlich dick, und hat oben einen niedrigen, queren, gerundeten Knoten. Die äusseren Genitalklappen sind dreieckig, ziemlich klein und haben eine abgerundete Spitze. Die Flügel sind wasserhell mit gelbbraunen Rippen, die Vorderflügel sind kurz, 2.8—3 mm lang, überragen nur wenig die Hinterleibsspitze und sind kürzer als der ganze Körper.

Ich habe diese Männchen zu H. tertiaria gestellt, weil sie in der Körpergrösse und Skulptur, so wie in Bezug der kurzen Flügel dieser Art entsprechen.

7. Hypoclinea baltica n. sp.
Fig. 61—64.

Operaria: Long. corp. 3.5—7.5 mm. Vix abstante pilosa, dispersissime adpresse pubescens; caput et thorax coriaceo-rugulosa et superficialiter punctata, abdomen subtilissime coriaceo - rugulosum; clypeus transversim fortiter convexus, sulco mediano indistincto; scapus capitis marginem posticum superans, funiculus articulis omnibus longioribus quam crassioribus; thorax inter mesonotum et metanotum fortiter constrictus et ibi brevissime longitudinaliter carinato - striatus; metanotum elevatum, margine postico partem basalem a parte declivi separanti carinaeformi, parte basali longitrorsum antice fortiter convexa postice subplana, parte declivi parum excavata; petiolus supra cum squama alta, ovata, antice convexa, postice subplana, a latere visa, infra incrassata et supra acuta.

In der phys.-ökon. Ges. 2 Stücke (Nr. 88 und 350), in Coll. Berendt 1 Stück, in Coll. Mayr 1 Stück, in Coll. Menge 2 Stücke, in Coll. Sommerfeldt 1 Stück (Nr. 40).

Femina: Long. corp. 7 mm. Vix abstante pilosa, subtiliter coriaceo-rugulosa, capite et thorace insuper haud dense, (mesonoto disperse, metanoto fortiter et profunde) punctatis; clypeus dense subtiliter et longitrorsum rugoso - striatus et rude superficialiter punctatus, transversim fortiter convexus, sulco longitudinali mediano indistincto, margine antico in medio levissime emarginato; antennae ut in Operaria; thorax compressus capiti aequilatus; metanotum margine postico, partem basalem a parte declivi separanti, carinato, in medio parum emarginato, parte basali quadrata, transversim modice convexa, parte declivi parum excavata; petiolus supra cum squama (a latere visa) cuneiformi, infra incrassata et supra acuta, planitia antica verticali, planitia postica oblique declivi; pedes modice longi.

In Coll. Menge ein Stück.

Mas: Long. corp. verisimiliter 7—8 mm. Dispersissime abstante pilosus; corpus coriaceo - rugulosus esse videtur, mesonoto punctis dispersis valde superficialibus; mandibulae punctis nonnullis piligeris; clypeus margine antico in medio parum emarginato; antennae perlongae filiformes abdomen attingentes, scapus ad ocellos posticos extensus. Funiculi articulus basalis brevissimus vix longior quam crassior, articuli ceteri cylindrici et valde elongati. Ein einziges Exemplar in Coll. Menge.

Arbeiter. Braun oder braunschwarz; mit nur einigen vereinzelten aufrechten Haaren am Kopfe und am Hinterleibe; die anliegende Pubescenz ist sehr spärlich. Der Kopf und der Thorax sind mässig fein lederartig gerunzelt und überdiess mit zahlreichen, seichten, ziemlich grossen Punkten; der Hinterleib hat nur eine äusserst feine, lederartige Runzelung. Die Oberkiefer sind, wie gewöhnlich, behaart, zerstreut punktirt und zwischen den Punkten sehr fein gerunzelt; der Kaurand ist äusserst fein und dicht gekerbt. Die Kiefertaster reichen fast (oder vielleicht ganz) bis zum Hinterrande des Kopfes. Der Clypeus ist von einer Seite zur anderen ziemlich stark gewölbt, er ist fein und sehr dicht runzlig längsgestreift, und hat in der Mitte eine Längsfurche, welche vorne stärker, hinten aber schwach ausgeprägt ist, der Vorderrand ist bei den grösseren Exemplaren in der Mitte schwach eingedrückt, wärend er bei den kleineren gleichförmig bogig ist. Der Schaft überragt den Hinterrand des Kopfes; alle Glieder der gestreckten Geissel sind länger als dick. Der Thorax ist ziemlich schlank, zwischen dem Mesonotum und Metanotum stark eingeschnürt und an dieser Einschnürung oben, so wie an der verlängerten Naht an den Seiten des Thorax mit sehr kurzen Längskielchen dicht versehen. Das Pronotum ist an dem vorderen halsförmig verengten Theile, unmittelbar hinter dem Kopfe, fein quer gestreift. Die Spiracula des Mesonotum liegen vor der starken Einschnürung an der oberen Seite des Thorax. Der Basaltheil des erhöhten Metanotum ist in der Längsrichtung vorne (in Folge der starken Einschnürung) stark gewölbt, in der Mitte und hinten ziemlich flach und horizontal, aber von einer Seite zur anderen gewölbt und geht bogig in die Seiten des Metanotum über; der Rand, welcher die abschüssige Fläche von der Basalfläche trennt, ist quer, ziemlich scharf, in der Mitte deutlich etwas ausgebuchtet und daselbst viel weniger kielartig und scharf; die abschüssige Fläche ist nur schwach von oben nach unten concav, von einer Seite zur anderen flach, sie ist oben senkrecht und neigt sich nur unten schief nach hinten und unten, die Seitenränder der abschüssigen Fläche gehen bogig in die Seiten des Metanotum über. Wärend bei H. sculpturata und tertiaria die Basalfläche und die abschüssige Fläche in einem spitzen Winkel zusammenstossen, ist bei H. baltica dieser Winkel ein rechter. Das Stielchen hat oben eine senkrechte grosse, im Umkreise fast eiförmige Schuppe, deren vordere convexe Fläche der schwachen Ausböhlung des abschüssigen Theiles des Metanotum entspricht, wärend die hintere etwas schief geneigte Fläche ziemlich eben ist; von der Seite gesehen, zeigt sich die Schuppe unten ziemlich dick, verschmälert sich nach oben und hat einen ziemlich schneidigen oberen Rand, wärend die Seitenränder stark abgerundet sind; der hinterste Theil des Stielchens und mehr oder weniger auch der untere hintere Theil der Schuppe sind längsgestreift. Die Beine sind sehr fein gerunzelt.

Weibchen. Schwarzbraun, mit nur sehr vereinzelten aufrechten Haaren, besonders am Clypeus. Eine anliegende Pubescenz kann ich nur am Mesonotum deutlich sehen, auf welchem die Häärchen aus den zerstreuten Punkten entspringen. Die Mandibeln sind fein gerunzelt und zerstreut punktirt (mit gewöhnlichen schief abstehenden Haaren). Der Clypeus ist dicht aber fein, runzlig längsgestreift und hat überdiess zerstreute, mässig grobe aber nicht tiefe Punkte, er ist von einer Seite zur anderen mässig gewölbt, hat in der Mitte eine schwache ziemlich breite Längsfurche und sein Vorderrand ist beim Beginne dieser Furche sehr schwach ausgerandet. Das Stirnfeld ist scharf ausgeprägt, gleichschenklig dreieckig, aber nur wenig länger als breit. Die langen Fühler reichen bis zum Hinterrande des Thorax. Der

Schaft überragt den Hinterrand des Kopfes; die Geissel ist gestreckt, fadenförmig, ihre Glieder sind ziemlich gleichlang und beiläufig doppelt so lang als dick. Die Stirn, der Scheitel und die Wangen sind fein gerunzelt und überdiess grob punktirt; an den Seiten des Kopfes scheinen die Punkte tiefer zu sein, wärend sie an der Stirn und am Scheitel seicht sind. Der Thorax ist seitlich mässig compress, ausser der feinen Runzelung zeigen das Mesonotum und das Scutellum eine zerstreute ziemlich seichte Punktirung, wärend der Basaltheil des Metanotum viel dichter und mässig tief grob punktirt ist. Das Metanotum hat einen horizontalen Basal-, und einen senkrechten abschüssigen Theil, beide sind durch eine kielartige, obschon nicht besonders scharfe Kante, welche in der Mitte im flachen Bogen ausgerandet ist, von einander getrennt; der Basaltheil ist quadratisch, von einer Seite zur anderen gewölbt und geht ohne Grenze bogig in die Seiten des Metanotum über; der abschüssige Theil ist nur sehr wenig ausgebuchtet. Das Stielchen trägt eine fein gerunzelte Schuppe, welche, von der Seite gesehen, keilförmig ist, da sie mit breiter Basis an dem Stielchen aufsitzt und sich nach oben allmählich verjüngt, bis sie mit dem mässig scharfen oberen Rande endet; ihre vordere Seite ist senkrecht, die hintere fällt von oben schief nach hinten und unten ab. Der Hinterleib ist fein und dicht lederartig gerunzelt. Die Beine sind mässig lang, das mir vorliegende Stück ist flügellos.

Männchen. Das Menge'sche Stück, auf welches ich die obige Diagnose basirt habe, hat nur einen Theil des Hinterleibes, so dass daher die Körperlänge nur approximativ angegeben werden konnte; Kopf und Thorax sind zusammen 5 ᵐᵐ lang. Es hat eine schwarzbraune Farbe und etwas hellere Fühler und Beine. Ich sehe fast nur am Scheitel und am Schildchen einige aufrechte, ziemlich lange Haare, die Fühler haben keine abstehenden Haare, die Beine nur einzelne ziemlich kurze abstehende Haare. Die Fühler und Beine sind reichlich kurz und fein pubescent, doch kann ich am Kopfe und am Thorax wegen dem weisslichen Ueberzuge keine Pubescenz wahrnehmen; aus demselben Grunde sehe ich die Skulptur nicht deutlich, doch scheinen Kopf und Thorax fein runzlig zu sein; am Mesonotum finden sich sehr seichte zerstreute Punkte. Die am Kaurande breiten Oberkiefer sind sehr zer-. streut punktirt. Der Clypeus hat den Vorderrand in der Mitte schwach ausgerandet. Die Netz- und Punktaugen sind gross. Die sehr langen fadenförmigen Fühler reichen bis zur Mitte des Hinterleibes, der Schaft ist kurz und reicht kaum bis zum Hinterrande der Netzaugen; das erste Geisselglied ist unbedeutend länger als dick und weniger als $^1/_3$ so lang wie das zweite Glied, die übrigen Glieder sind dünn und langgestreckt. Das Schildchen ist ziemlich stark gewölbt. Das Metanotum und Stielchen, so wie das Rudiment des Hinterleibes kann ich nicht deutlich sehen. Die Vorderflügel sind kurz (6 ᵐᵐ), wasserhell mit ockerbraunen Rippen.

Herr v. Duisburg besitzt ein Bernsteinstück (Nr. 33) mit einem Männchen, welches zu Hypoclinea gehört und vollkommen mit dem eben beschriebenen Menge'schen Männchen übereinstimmt, sich aber durch die geringe Körpergrösse in derselben Weise unterscheidet, wie die kleinen Arbeiter dieser Art von den grossen abweichen. Sonderbarerweise fehlt auch an diesem Stücke der Hinterleib, mit Ausnahme des ersten Segmentes, so dass ich als Länge des Körpers nur beiläufig 4—5 ᵐᵐ angeben kann, denn dieses Thier misst ohne Hinterleib 3 ᵐᵐ.

Die grossen und kleinen Arbeiter, so wie das grosse und kleine Männchen dieser Art stimmen, mit Ausnahme der Grösse des Körpers, so sehr mit einander überein, dass ich sie nicht als zwei Arten getrennt halten kann, obschon ich die Möglichkeit nicht ausschliessen möchte, dass sich vielleicht nach Auffindung einer grösseren Anzahl schön erhaltener Exemplare ein wesentlicher Unterschied entdecken lassen dürfte. Wären mir nur die Arbeiter bekannt, so würde ich diese Möglichkeit hier gar nicht erwähnen, weil die Arbeiter bei so vielen Ameisenarten in der Grösse sehr schwanken und mir ja nicht nur grosse und kleine Arbeiter allein bekannt sind, denn das eine Stück, welches ich selbst besitze, hält in der Grösse fast die Mitte; anders jedoch verhält sich diess bei den Männchen, welche, zu derselben Art gehörend, im Allgemeinen doch nur geringeren Schwankungen in der Grösse unterworfen sind, obschon Fälle vorkommen, dass auch diese abweichen, so wie ich einmal in einem Neste der Formica sanguinea Ltr. nebst den Arbeitern Männchen gefunden habe, welche insgesammt bedeutend kleiner waren, als sonst die Männchen dieser Art sind, ohne dass sich andere abweichende Merkmale gefunden hätten.

9. Hypoclinea longipennis n. sp.

Fig. 65.

Mas: Long. corp. 4.3—4.5 mm. Microscopice coriaceo-rugulosus; antennae haud longae scapo brevi; funiculi articulus basalis longitudine dimidia articuli secundi, parum longior quam crassior, articulus secundus longitudine scapi, articulus tertius paulo brevior, articuli 4—11 sensim breviores; petiolus supra cum nodo; alae anticae longit. 4.5—4.6 mm.

Ein Stück in Coll. Menge, ein Stück in Coll. Mayr.

Männchen. Braunschwarz, mit braunen Fühlern, Schenkeln und Schienen und helleren Tarsen. Die Oberfläche erscheint mit einer guten Loupe glatt und glänzend, besonders das Schildchen, bei mikroskopischer Untersuchung sehe ich aber eine feine runzlige Skulptur. Der Kopf ist kaum so breit als der Thorax. Der Fühlerschaft ist kurz und reicht nicht bis zu den Ocellen. Das erste Glied der fadenförmigen Geissel ist etwas angeschwollen, nur wenig länger als dick, das zweite cylindrische Glied ist doppelt so lang als das erste Glied, und etwas mehr als doppelt so lang wie dick, das dritte Glied ist etwas kürzer als das zweite, die folgenden Glieder sind bis zum vorletzten allmählich etwas kürzer, so dass das vorletzte Glied aber doch noch 1½ so lang als dick ist, das Endglied ist so lang wie das zweite Geisselglied. Die Kiefertaster überragen das Hinterhauptloch um etwas mehr, als die Länge des Endgliedes beträgt. Das Stielchen trägt oben einen rundlichen Knoten, den ich aber nicht genau sehen kann. Die äusseren Genitalklappen sind dick dreieckig. Die Flügel sind ziemlich wasserhell mit ockerbraunen Rippen; die Vorderflügel zeichnen sich durch ihre Länge aus, indem sie den Hinterleib bedeutend überragen und etwas länger als der ganze Körper sind.

Diese Beschreibung bezieht sich nur auf jenes von den beiden mir bekannt gewordenen Stücken, welches eine geschlossene Discoidalzelle hat. Das andere Stück stimmt, wie ich glaube, vollkommen mit dem ersten überein und unterscheidet sich blos durch den Mangel der Costa recurrens, wodurch die Discoidalzelle ungeschlossen bleibt. Diese Costa recurrens bleibt bei manchen Gattungen, wie z. B. bei Lasius, oft aus, so dass ich, bei dem Mangel anderer Unterschiede, beide Exemplare zu derselben Art stellen muss.

Diese Art, wovon mir nur das Männchen bekannt ist, steht dem Männchen der Hyp. tertiaria sehr nahe, und unterscheidet sich von diesem sicher durch die langen Flügel. Von den übrigen Merkmalen könnte wol möglicherweise das eine oder andere wegfallen, wenn ich mehrere gut erhaltene Stücke zu untersuchen Gelegenheit hätte. So z. B. wäre es recht gut denkbar, dass die von mir untersuchten Stücke den Kopf und das Mesonotum zerstreut punktirt haben, denn beide sind von einer äusseren dünnen Luftschichte bedeckt, welche einer genauen Untersuchung hinderlich ist. Auch die Verschiedenheiten, welche sich bei den Gliedern der Geissel vorfinden, wären keine solchen, welche ich allein für hinreichend halten würde, diese Art von H. tertiaria zu trennen, da nicht nur optische Täuschungen vorkommen können, sondern auch bei den recenten Ameisen häufig in demselben Neste Männchen gefunden werden, welche kleine Abweichungen in der relativen Länge der Geisselglieder zeigen.

II. Subfamilie Poneridae.

Petiolus uniarticulatus. Abdomen inter segmentum primum et secundum constrictum, segmento apicali maris supra in spinam producto, ano ad feminam et operariam apicali et aculeo instructo. Alae anticae cellulis cubitalibus duabus, cellula radiali clausa.

Bei den nachfolgend beschriebenen Bernsteinarten sind die Oberkiefer bei den Arbeitern und Weibchen dreieckig und am Kaurande breit, nur bei Prionomyrmex sind sie sehr lang gestreckt, beim Männchen sind sie sehr klein und haben keinen Kaurand. Der Clypeus ist hinten zwischen die Fühlergelenke eingeschoben, bei Prionomyrmex aber nicht eingeschoben. Die Schild- und Fühlergruben sind vollkommen vereinigt und fallen ineinander. Die Fühler sind bei den Arbeitern und Weibchen 12-, beim Männchen 13gliedrig. Das Stielchen besteht nur aus *einem* Gliede. Der Hinterleib ist zwischen dem ersten und zweiten Segmente eingeschnürt, bei den Arbeitern und Weibchen sind diese zwei Segmente gross, indem sie den grössten Theil des Hinterleibes bedecken, nur bei Prionomyrmex ist das Segment nicht breit, die Uebrigen sind sehr klein; das fünfte Segment bildet bei den Arbeitern und Weibchen die Hinterleibsspitze, mit dem spaltförmigen, nicht gewimperten After, aus welchem der Stachel hervortritt; bei den Männchen endet das Rückenstück des letzten (sechsten) Abdominalsegmentes hinten in einen langen nach abwärts gebogenen Dorn. Die Sporne sind kammförmig. Die Krallen sind einfach oder zweizähnig. Die Vorderflügel haben zwei Cubitalzellen, eine Discoidalzelle und eine ganz geschlossene Radialzelle.

Die Arbeiter und Weibchen der 3 nachfolgend beschriebenen Gattungen unterscheiden sich insbesondere durch folgende Merkmale:

1. Der Clypeus ist hinten nicht zwischen die Fühlergelenke eingeschoben; Stielchen oben flach und viereckig; erstes Hinterleibssegment schmäler als das zweite; Körperlänge: 14^{mm} . . . . . . *Prionomyrmex*.

— — — — zwischen den Fühlergelenken eingeschoben; Stielchen oben mit einer Schuppe, erstes Hinterleibssegment so breit als das zweite Segment 2

2. Der Clypeus ist zwischen den einander sehr genäherten Stirnleisten und Fühlergelenken schmal dreieckig und fein zugespitzt. Hinter dieser Clypeusspitze sind die Stirnleisten durch eine tiefe Stirnrinne getrennt. Das Stirnfeld fehlt vollkommen. Die Oberkiefer haben einen gezähnten Kaurand: . . . . . . *Ponera*.

— — — — von einander entfernten Stirnleisten und Fühlergelenken breit, mit bogigem Hinterrande. Hinter dem Clypeus liegt das grosse deutlich oder undeutlich abgegrenzte Stirnfeld. Die Oberkiefer haben einen ungezähnten schneidigen Kaurand 3

3. Der hintere Rand des Clypeus und das Stirnfeld sind scharf abgesetzt, letzteres mit scharfer hinterer Spitze. Schaft und Geissel sind stark keulenförmig verdickt Die Stirnrinne durchzieht die nicht gestreifte Stirn. Die Schuppe des Stielchens geht oben in einen kurzen, stark abgerundeten Kegel über. Die Krallen sind einfach: . . . . *Bradoponera.*

— — — — — — — — — — undeutlich abgegrenzt, das letztere ist hinten gerundet und sehr undeutlich von der Stirn getrennt. Der Fühlerschaft ist gegen das Ende nur wenig dicker als am Grunde, die Geissel ist am Ende schwachkeulig. Die Stirnrinne ist auf der grob längsgestreiften Stirn nicht ausgeprägt. Die Schuppe des Stielchens ist sehr dick, und hat oben keinen kegelförmigen Fortsatz. Die Krallen sind zweizähnig: . . . . *Ectatomma.*

Von den Poneriden ist nur das Männchen der Gattung Ponera bekannt, wesshalb ich auf diese verweise.

1. Ponera Latreille.

Femina: Mandibulae haud longae, triangulares, margine masticatorio dentato. Clypeus in medio fortiter convexus, postice inter laminas frontales crassas approximatas et antennarum articulationes intersertus, angulo postico acutissimo. Antennae crassiusculae 12-articulatae. Area frontalis nulla. Sulcus frontalis distinctissimus, laminas frontales postice separans. Thorax inermis. Petiolus supra cum squama erecta, incrassata, supra rotundata.

Mas: Caput, a supero visum, rotundatum. Mandibulae minutissimae, marginibus solummodo duobus parallelis, apice rotundato. Clypeus in medio convexus, margine postico rotundato. Laminae frontales brevissimae. Antennae 13-articulatae oriuntur pone clypeum ab hoc distantes; scapus brevissimus, (absque capitulo) paulo longior quam crassior; funiculi articulus basalis brevissimus, subglobosus, crassior quam longior, articuli ceteri cylindrici et subaequilongi. Area frontalis subtrigonalis inter clypeum et antennarum articulationes situata. Thorax inermis antice rotundatus. Petiolus cum squama erecta, alta, incrassata, margine incrassato supra rotundato. Abdomen pygidio elongato-triangulari apice acuminato.

Weibchen. Der Kopf ist (die Mandibeln nicht in Betracht gezogen) länglich-viereckig und rechteckig, mit abgerundeten Hinterecken, er ist an der Oberseite convex, an der Unterseite ziemlich flach, und sein Hinterrand ist fast gerade. Die Oberkiefer sind dreieckig, oben mässig convex, deren Kaurand reichlich gezähnt und nur wenig länger als der Hinter-(Innen-) Rand. Die Kiefertaster sind bei den mir vorliegenden Stücken nicht zu sehen (bei den recenten Arten sind sie äusserst kurz und bestehen nur aus 1—2 Gliedern). Der Clypeus ist dreieckig mit schwach bogigem Vorderrande und ausgebuchteten Hinterseitenrändern, in der Mitte ist er ziemlich stark gewölbt, aber nicht gekielt; der hintere Theil des Clypeus ist zwischen die Stirnleisten und Fühlergelenke eingeschoben und endigt fein zugespitzt zwischen den Stirnleisten. Diese sind ziemlich kurz, stark verdickt, sehr nahe an einander gerückt, mit bogigem äusseren Rande, und fassen nur die scharf zugespitzte Hinterecke des Clypeus und hinter dieser die tiefe Stirnrinne zwischen sich, so dass für ein Stirnfeld gar kein Raum vorhanden wäre. Der Schaft der ziemlich dicken 12gliedrigen Fühler überragt wol die Netzaugen, reicht aber nicht ganz bis zum Hinterrande des Kopfes. Die Geissel ist am Grunde viel dünner als in der Mitte, und am Ende deutlich keulig verdickt; ihr Basalglied ist länger als dick, am Grunde dünn, am Ende verdickt, das zweite Glied ist sehr kurz, dicker als lang, es ist das kleinste von allen Gliedern, die folgenden nehmen allmählich an Grösse zu, die zwei vorletzten Glieder sind nur wenig dicker als lang, das Endglied ist das grösste Glied, schwach spindelförmig mit abgerundeter Spitze. Die Stirn ist von der Stirnrinne durchfurcht, welche sich vom Clypeusende bis zum vorderen Punktauge erstreckt. Die drei Punktaugen stehen im gleichseitigen Dreiecke und sind einander ziemlich genähert. Die nicht grossen Netzaugen liegen vor der Mitte der Kopfseiten. Die Wangen haben keinen Kiel (zum Unterschiede von Pachycondyla, bei welcher Gattung, die nur recente Arten enthält, oft ein solcher Kiel vorkommt). Der Thorax ist etwas schmäler als der Kopf, er ist unbewehrt, vorne gerundet und seitlich mässig compress. Das Metanotum ist hinten schief gestutzt. Das Stielchen hat oben eine ziemlich grosse, quere Schuppe, welche fast oder eben so hoch und breit ist wie die Basis des Hinterleibes, an welche sie sich mit ihrer ebenen hinteren Fläche anlegt, wärend die vordere Fläche schwach convex ist; der fast einen $^3/_4$ Kreis beschreibende Rand der Schuppe ist dick und abgerundet. Der Hinterleib ist ziemlich cylindrisch, hinten kegelig endend und ist zwischen dem 1 und 2 Segmente mässig eingeschnürt. Die Vorderflügel reichen weiter nach hinten als der Hinterleib. Die Beine sind ziemlich kurz und die Krallen einfach.

Männchen. Der Kopf ist, von oben gesehen, ziemlich rundlich, von der Seite gesehen, mässig depress. Die sehr kleinen Oberkiefer sind so kurz, dass sie sich bei der Schliessung kaum berühren können, sie sind flachgedrückt, haben nur zwei parallele Ränder, die nur an den Gelenken etwas mehr von einander entfernt sind, und eine abgerundete Spitze. Die Kiefertaster sind viergliedrig mit langen Gliedern. Der Clypeus ist in der Mitte gewölbt und zwar hinten stärker als vorne mit schwach bogigem Vorder- und' stark gebogenem Hinterrande; er ist nicht zwischen die Fühlergelenke eingeschoben. Unmittelbar hinter dem Clypeus liegt das dreieckige, bei den Bernsteinameisen meist undeutliche Stirnfeld, welches zwischen die Fühlergelenke eingeschoben ist. Die Stirnleisten sind äusserst kurz und umgeben nur als halbkreisförmige Leiste die Innenseite des Gelenkskopfes des Fühlerschaftes. Die 13gliedrigen Fühler sind fadenförmig und beiläufig ebenso weit vom Hinterrande des Clypeus entfernt in den Kopf eingelenkt, als sie selbst von einander entfernt sind. Der Schaft ist sehr kurz, aber doch (den Gelenkskopf abgerechnet) deutlich länger als dick. Das Basalglied der Geissel ist sehr kurz, kaum halb so lang als der Schaft, und dicker als lang, das zweite cylindrische Glied ist lang, das dritte kürzer als das zweite, die folgenden haben bis zum vorletzten die gleiche Länge mit dem dritten Gliede, das Endglied ist wieder erheblich länger. Die Stirnrinne durchzieht die Mitte der Stirn von der Hinterecke des Stirnfeldes bis zum vorderen Punktauge. Die grossen Netzaugen liegen an den Seiten des Kopfes. Die Ocellen sind einander weniger genähert als beim Weibchen, die hinteren Ocellen sind mehr von einander entfernt als von dem vorderen. Der Thorax ist vorne gerundet. Das Metanotum liegt schief am Thorax auf und zeigt keine Trennung in einen Basal- und abschüssigen Theil. Das Stielchen hat oben eine aufrechte grosse Schuppe, welche fast so hoch als der Hinterleib, aber nicht so breit ist wie beim Weibchen, ihre hintere Fläche ist schief abfallend, wärend diese beim Weibchen senkrecht ist. Der Hinterleib ist zwischen dem ersten und zweiten Segmente ziemlich stark eingeschnürt; der Rückentheil des letzten Segmentes (pygidium) ist lang, schmal dreieckig und endet hinten in eine feine Spitze; der untere Theil des letzten Abdominalsegmentes (hypopygium) ist ebenfalls dreieckig und hinten spitzig. Die Beine sind mässig lang und dünn, die Sporne kammförmig. Die Flügel sind ziemlich kurz.

1. Ponera atavia n. sp.
Fig. 66 — 69.

Femina: Long. corp. 3.6 — 4 mm. Sparse abstante pilosa, copiose pubescens, dense subtiliter punctata, clypeo rudius et ruguloso-punctato, mandibulis disperse punctatis; funiculi articuli basales (primo excepto) crassiores quam longiores; alae anticae longit. 3 mm.
In der phys.-ökon. Ges. 2 Stücke (Nr. 14, 203), in Coll. Berendt 3 Stücke, in Coll. Menge 3 Stücke.

Mas: Long. corp. 3.8 — 4 mm. Sparse abstante pilosus, copiose pubescens, dense subtiliter punctatus, mandibulis disperse punctatis; mesonotum lineis 2 convergentibus in mesonoti medio conjunctis.
In der phys.-ökon. Ges. 1 Stück (Nr. 621) in Coll. Menge 4 Stücke.

Diese Art, besonders aber das Weibchen, stimmt mit der jetzt lebenden europäischen Ponera contracta Ltr. so sehr überein, dass ich nicht im Stande bin, ein erhebliches Merkmal anzugeben, wodurch beide Arten von einander zu trennen wären, obschon ich andererseits nicht behaupten möchte, dass beide gar nicht von einander abweichen. So findet sich beim Männchen eine interessante Abweichung vom Männchen der Ponera contracta in den am Mesonotum convergirenden Furchen (welche von den Seiten des Mesonotum-Vorderrandes zur Mitte ziehend sich daselbst vereinigen). Diese Furchen fehlen bei den mir bekannten recenten Ponera-Männchen, kommen aber bei der zunächst verwandten Gattung Pachycondyla vor.

Die Farbe der Weibchen ist dunkelbraun, deren Stirnleisten aussen und die Beine kastanienbraun; nur ein Weibchen in der Menge'schen Sammlung ist gelb und vielleicht nicht ausgefärbt. Die Männchen sind schwarzbraun oder braun, die Fühler, die Beine und mehr oder weniger auch der Hinterleib heller gefärbt.

2. Ponera succinea n. sp.

Femina: Long. corp. 5 — 7 mm. Sparse abstante pilosa, copiose pubescens, subtiliter dense punctata, mandibulis disperse et rudius punctatis; funiculi articuli basales (primo excepto) crassiores quam longiores; alae anticae longit. 5.7 mm.
In der phys.-ökon. Ges. 1 Stück (Nr. 640), in Coll. Berendt 1 Stück, in Coll. Menge 1 Stück.

Braunschwarz mit besonders am Ende helleren Tarsen. Die abstehende Behaarung ist ziemlich lang aber spärlich, am Hinterleibe scheint sie reichlicher zu sein. Die anliegende Pubescenz ist reichlich und die nicht sehr kurzen feinen Härchen entspringen in den kleinen Punkten, welche die Oberfläche des Körpers dicht bedecken. Von der vorhergehenden P. atavia unterscheidet sich diese Art auf den ersten Blick durch die bedeutende Grösse*).

---

*) Einige Tage nach der Absendung des Manuscriptes dieser Abhandlung erhielt ich von Herrn Menge in Danzig noch einige Bernsteinameisen zur Bestimmung, von welchen ein Stück eine neue Art der Gattung Ponera repräsentirt; es ist diess:

3. Ponera gracilicornis n. sp.

Operaria: Long. corp. 10.5 mm. Copiose adpresse pubescens, capite, thorace et abdomine sparse et breviter erecte pilosis; subtiliter dense punctata, mandibulis disperse et rudius punctatis; funiculi dimidium basale articulis elongatis, longioribus quam crassioribus.

2. Bradoponera n. g.

Operaria: Mandibulae triangulares, breves, angulo antico acuto, margine masticatorio edentato acuto. Palpi maxillares 5-articulati, articulo apicali longo. Clypeus parte media fortiter convexa, haud carinata, paulo latiore quam longiore, postice inter antennarum articulationes interserta, marginibus antico et postico fortiter arcuatis. Laminae frontales, antice clypei partem posticam inter se includentes, haud longae sed fortiter divergentes. Area frontalis distinctissime impressa, magna, trigonalis. Antennae 12-articulatae scapo et funiculo fortiter clavatis; funiculi articuli 2—10 brevissimi, articulus apicalis fusiformis maximus. Frons cum sulco frontali. Oculi ovati pone capitis laterum medietatem. Thorax brevis, compressus, supra convexus absque ulla sutura, antice rotundatus postice angulis duobus subdentiformibus, metanoti parte declivi subquadrata, verticali, concaviuscula, marginibus lateralibus subacutis. Petiolus incrassatus, latior quam longior, supra cum squama lata erecta supra in conulum brevem obtusum producta. Abdomen segmentis 1 et 2 maximis inter se modice constrictis, segmentis ceteris minutissimis. Tarsorum unguiculi simplices.

Arbeiter. Die Oberkiefer sind kurz-dreieckig, am Grunde dünn, gegen das Ende an Breite stark zunehmend; der Vorder- (Aussen-) Rand ist der längste und gebogen, der Innen- und der Kaurand sind ziemlich gleich lang, letzterer ist ungezähnt, schneidig und im flachen Bogen ausgerandet; die vordere Spitze der Mandibeln ist scharf, die hintere Ecke derselben (am Ende des Kaurandes) rechteckig. Die Maxillartaster sind fünfgliedrig mit langem Endgliede. Die Lippentaster sind wahrscheinlich viergliedrig, doch kann ich nur drei Glieder deutlich sehen; das Basalglied ist wahrscheinlich an demjenigen Exemplare, welches die Taster am deutlichsten zeigt, zwischen den Lappen der Unterkiefer versteckt; das Endglied ist, so wie bei den Kiefertastern, das längste Glied. Der Clypeus zerfällt deutlich in drei Theile, nemlich in den mittleren Theil und in die Seitentheile; der mittlere Theil ist kugelsegmentähnlich gewölbt, aber doch etwas breiter als lang, er tritt weiter als die Seitentheile vor, ist nicht gekielt und stösst hinten, stark zwischen den vorderen Theil der Stirnleisten und zwischen die Fühlergelenke eingeschoben, scharf abgegrenzt an das Stirnfeld, sein Vorderrand ist bogig gerundet; die Seitentheile des Clypeus ziehen als sehr schmale Leisten zu den Mandibelgelenken, und bilden einen Saum, welcher den Mundrand vom Mitteltheile des Clypeus bis zu den Oberkiefergelenken bildet. Die Stirnleisten beginnen an den Seiten des Mitteltheiles des Clypeus von dessen hinterem Ende zwischen dem Stirnfelde und

---

Diese Art unterscheidet sich von Ponera atavia und succinea durch die bedeutende Grösse und durch die anders gebildete Fühlergeissel. Die fünf ersten Glieder sind nemlich länger als dick und das zweite Geisselglied ist etwas länger als das erste Glied, während bei P. succinea und atavia nur das erste Geisselglied gestreckt und länger als dick ist, das zweite Glied aber das kleinste und dicker als lang ist, und die folgenden allmählich etwas an Grösse zunehmen; alle Glieder, jedoch mit Ausnahme des Endgliedes und des Basalgliedes, sind dicker als lang. Die ovalen ziemlich flachen Netzaugen liegen bei P. gracilicornis den Mandibelgelenken sehr nahe und bestehen aus vielen Facetten.

Da bei der Gattung Ponera die zu derselben Art'gehörenden Arbeiter und Weibchen eine ziemlich gleiche Körperlänge und eine gleiche Bildung der Fühler haben, so unterliegt es keinem Zweifel, dass P. gracilicornis eine eigene Art bildet, welche sich durch die Fühlerbildung und Körpergrösse von den zwei anderen Bernsteinarten scharf unterscheidet.

Ein an dem mir vorliegenden Bernsteinstücke mit der Laubsäge vollführter Schnitt, welcher zur genaueren Untersuchung der Ameise nöthig war, überzeugte mich auch, dass das Thier sicher im Bernsteine eingeschlossen ist.

den Fühlergruben, die die Stelle der Schildgruben ersetzen, und ziehen stark divergirend nach hinten, erreichen aber nicht die Höhe der Augen. Das Stirnfeld ist gross, stark eingesenkt, dreieckig, mit scharfen Rändern und Ecken, wovon besonders die hintere Ecke zugespitzt ist. Die 12gliedrigen Fühler entspringen an den Seitenrändern des Mitteltheiles des Clypeus und zwar wegen den schmalen Seitentheilen des letzteren ziemlich nahe dem Vorderrande des Kopfes; der am Grunde mässig dünne, am Ende stark keulenförmige Schaft reicht wol über die Augen, erreicht aber nicht den Hinterrand des Kopfes; die Geissel ist gegen das Ende stark keulenförmig verdickt, ihr Basalglied ist kugelig verdickt, die folgenden sind dicker als lang, eng an einander schliessend, vom zweiten bis zum vorletzten Gliede allmählich grösser, das Endglied ist sehr gross, fast so lang als die übrigen Glieder zusammen, mit Ausnahme des Basalgliedes. Die Stirn ist vorne zunächst den Stirnleisten mehr erhöht als weiter rückwärts. Die Stirnrinne ist deutlich. Die mittelgrossen ovalen Netzaugen liegen an den Seiten des Kopfes, etwas hinter der Mitte. Die Ocellen fehlen. Der Kopf ist (die Mandibeln abgerechnet) viereckig, rechtwinklig, deutlich länger als breit, mit vortretendem Clypeus, mit abgerundeten Hinterecken und kaum ausgerandetem Hinterrande. Der Thorax ist, wie der ganze Körper, gedrungen, seitlich compress, dessen Rücken sowol der Länge als Quere nach gewölbt, ohne Einschnürung und ohne Nähte (statt welchen letzteren sich nur schwache ziemlich undeutliche linienförmige Eindrücke vorfinden); vorne ist er gerundet, hinten gestutzt und daselbst jederseits mit einem nur von der Seite deutlichen, stumpfen Zähnchen versehen; die abschüssige Fläche des Metanotum ist quadratisch, schwach concav, senkrecht und jederseits von den Seiten des Metanotum durch eine Kante getrennt. Das ziemlich dicke Stielchen hat unten einen abwärts gerichteten Zahn, und ist oben und etwas seitlich in eine aufrechte Schuppe verbreitert, welche um weniges höher als das Metanotum ist und oben in einen sehr stark abgerundeten kurzen Kegel verlängert ist; die Schuppe selbst ist nicht mit dem Hinterleibe verwachsen. Der Hinterleib ist fast nur von den zwei ersten Segmenten bedeckt, welche ziemlich gleich gross und an ihrer Verbindung eingeschnürt sind; das erste Segment hat unten an der Basis, dem Stielchengelenke zunächst, einen stumpfen kurz kegelförmigen Zahn, das zweite Segment hat den kreisförmigen Hinterrand nicht nach hinten, sondern mehr nach abwärts gerichtet, und die übrigen kleinen Glieder bilden mitsammen einen kurzen Kegel. Die Beine sind kurz, ziemlich dick, die Krallen der Tarsen ziemlich klein und einfach bogig, die Haftlappen gross.

Diese Gattung steht dem Proceratium, welches Dr. Roger beschrieben hat, mir aber nicht durch Autopsie bekannt ist, jedenfalls sehr nahe, doch ist eine Identität nicht anzunehmen, da manche von Dr. Roger angegebene Merkmale mit Bradoponera durchaus nicht übereinstimmen. So gibt Roger an: „die Stirnleisten entspringen ziemlich nahe neben einander; — der Clypeus ist länglich mit parallelen Rändern; — die Augen sind winzig klein, punktförmig, —" welche Merkmale durchaus nicht auf Bradoponera passen; auch die Beschreibung der Schuppe des Stielchens entspricht nicht dieser Gattung.

1. Bradoponera Meieri n. sp.
Fig. 70, 71.

Operaria: Long. corp. 2.4—2.6^{mm}. Punctata; solummodo pilis brevissimis microscopicis copiosis, modice abstantibus modice pubescens.

In der phys.-ökon. Ges. 2 Stücke (Nr. 373, 638), in Coll. Meier 1 Stück, in Coll. Menge 1 Stück, in Coll. Mayr 1 Stück.

Arbeiter. Von rostrother Farbe, mit mehr gelbrothen Beinen. Eine abstehende lange Behaarung fehlt, hingegen ist der Körper reichlich mit kurzen, feinen, mässig abstehenden Häärchen besetzt, welche an den Fühlern und Beinen mehr anliegen. Die Skulptur anzugeben, ist mir sehr schwierig, da ich darüber nicht in's Klare kommen kann. Die Stücke zeigen (mit Ausnahme jener von Meier und Nr. 638 der phys.-ökon. Gesellschaft, welche schlecht erhalten sind) eine sehr schöne weisse Oberfläche des Körpers und nur stellenweise sieht man die eigentliche Körperoberfläche, an welcher aber, wie gewöhnlich, wenn der Bernstein das Thier unmittelbar ohne dazwischen liegende Luftschichte einschliesst, die Skulptur sehr schwer zu sehen ist. Der Kopf zeigt nun an den weissen Stellen sehr schöne kreisförmige Punkte, die nicht sehr dicht gestellt sind, die Zwischenräume der Punkte sind mässig fein gerunzelt und stellenweise fein punktirt, bei dem Menge'schen Stücke jedoch, dessen Kopf ausser dem Scheitel die rothe Farbe zeigt, erscheint dieser zerstreut und oberflächlich punktirt und die Zwischenräume sehe ich, obschon nicht deutlich, glatt, was, wie ich glaube, das Richtige sein dürfte. Der Thorax und der Hinterleib haben bei allen Stücken eine fast ganz weisse Oberfläche und lassen nur an kleinen Stellen öfters die rothe Farbe vortreten, sie erscheinen hauptsächlich gerunzelt und nur zerstreut punktirt; an den rothen Stellen kann ich die Skulptur nicht sehen. Es dürfte wahrscheinlich sein, dass diese Art am Kopfe eine reichlichere, am Thorax, Stielchen und Hinterleibe eine viel zerstreutere Punktirung hat und dass die Zwischenräume eine sehr feine Runzelung haben, welche aber in keinem Falle so grob ist, wie sie an der weissen Oberfläche erscheint.

3. Ectatomma Smith.

Femina: Mandibulae elongato-triangulares, margine masticatorio acuto edentato, duplo longiore margine postico. Clypeus parte media parum convexa, suborbiculari, postice inter antennarum 12-articulatarum articulationes interserta. Laminae frontales subparallelae, haud breves. Funiculi articuli basales minuti, medii majores, apicales magni. Area frontalis magna, indistincte vero separata. Frons absque sulco frontali. Oculi rotundati paulo pone capitis laterum medietatem. Pronotum inerme. Metanotum carina transversa partem basalem horizontalem a parte declivi verticali separanti. Petiolus supra cum squama erecta, crassa, rotundata. Abdomen inter segmentum 1 et 2 fortiter constrictum. Unguiculi bidentati.

Weibchen. Der Kopf ist (ohne Mandibeln) viereckig, wenig länger als breit, vorne etwas schmäler als hinten. Die Mandibeln sind gestreckt-dreieckig mit ungezähntem schneidigen Kaurande, welcher mehr als doppelt so lang wie der Hinterrand ist; die vordere Spitze der Oberkiefer ist scharf. Die Taster sind an dem mir vorliegenden Stücke nicht zu sehen, aber höchst wahrscheinlich sind (wie bei den recenten Arten) die Kiefertaster drei-, die Lippentaster zweigliedrig. Der mittlere Theil des Clypeus ist ziemlich gross, sehr wenig gewölbt, fast kreisrund, er tritt besonders in der Mitte viel mehr vor als die Seitentheile an den Oberkiefergelenken und hat desshalb einen bogigen Vorderrand, welcher nahe den Mandibelgelenken bogig ausgeschnitten ist, hinten ist der Clypeus zwischen die Fühlergelenke eingeschoben und ist mit bogigem Hinterrande nicht scharf vom Stirnfelde abgegrenzt. Die ziemlich langen Stirnleisten beginnen an den Seiten des mittleren Theils des Clypeus, ziemlich nahe dem Mundrande (so dass die Fühlergrube sich an der Stelle der Schildgrube vorfindet), sie sind einander ziemlich parallel, doch ist ihr freier Aussenrand wellig. Die 12 gliedrigen Fühler entspringen etwas hinter dem vordersten Ende der Stirnleisten; ihr

Schaft ist gegen das Ende nur wenig verdickt, überragt die Netzaugen, erreicht aber nicht den Hinterrand des Kopfes; die Geissel ist gegen das Ende nur wenig dicker als am Grunde, ihre Basalglieder sind klein, die mittleren sind grösser, die zwei vorletzten ziemlich gross und das spindelförmig-kegelige Endglied ist das grösste Glied. Das Stirnfeld ist undeutlich abgegrenzt, ziemlich gross, beiläufig dreieckig, doch mit gebogenen Hinterseitenrändern und abgerundeter sehr undeutlicher Hinterecke; vorne ist es tiefer und zwar quer eingedrückt als hinten. Die rundlichen Netzaugen liegen an den Seiten des Kopfes etwas hinter der Mitte. Die Ocellen stehen fast im gleichseitigen Dreiecke am Scheitel. Der Thorax ist seitlich compress und auch oben etwas flachgedrückt, der Rücken ist etwas breiter als die Brust. Das Pronotum ist unbewehrt. Das Metanotum hat einen horizontalen, quer gewölbten Basaltheil, welcher viel breiter als lang ist, und einen senkrecht abfallenden abschüssigen Theil, beide sind durch eine quere Kante von einander getrennt, so dass sich jederseits, von der Seite gesehen, ein stumpfer etwas zahnartiger Höcker zeigt. Das Stielchen hat oben eine dicke, quere, senkrechte, oben bogig gerundete Schuppe, deren vordere Fläche zum Thorax-Stielchengelenke abfällt, wärend sich hinten am Stielchen noch eine kurze stielförmige Verlängerung des Petiolus vorfindet, welche mit dem Hinterleibe in Gelenksverbindung tritt. Der Hinterleib ist zwischen dem ersten und zweiten Segmente stark eingeschnürt, die übrigen Segmente bilden das kegelförmige Ende des Hinterleibes; an der Basis des ersten Abdominalsegmentes findet sich unmittelbar hinter dem Stielchen-Hinterleibsgelenke ein stumpfer nach vorne gerichteter Zahn. Die Beine haben eine mittlere Länge; die Krallen der Tarsen haben in ihrer Mitte einen spitzigen Zahn.

Die hier gegebene Beschreibung der Gattung entspricht speciell der nachfolgend beschriebenen Art und würde auf alle recenten Arten dieser formenreichen Gattung durchaus nicht in allen Details passen.

1. Ectatomma europaeum n. sp.
Fig. 72, 73.

Femina: Long. corp. circa 4^{mm}· Copiose haud longe abstante pilosa; rude et profunde punctata, clypeo, area frontali et fronte longitudinaliter carinato-striatis, abdominis segmento secundo laevigato punctis dispersis; alae anticae longit. 4.3^{mm}·

In Coll. Menge ein Stück.

Weibchen. Die Länge des Körpers ist nicht genau anzugeben, da das Thier stark gekrümmt ist, doch dürfte es etwas über 4^{mm}· lang sein. Die Farbe des Körpers ist schwärzlich, mit helleren Fühlern und Beinen und gelbrothen Krallen. Die abstehende Behaarung ist wol nicht lang, aber reichlich, und entspringt aus den grossen Punkten. Eine anliegende Pubescenz fehlt am Kopfe, am Thorax, am Stielchen und am Hinterleibe. Die Mandibeln sind grob zerstreut punktirt und zwischen den Punkten etwas, obschon ziemlich undeutlich, längsstreifig. Der Clypeus und das Stirnfeld haben scharfe Längskielchen, ebenso die Stirn, doch hat diese, besonders hinten, unmittelbar vor den Punktaugen, zwischen den Streifen oder Kielchen noch grobe Punkte. Die übrigen Theile des Kopfes sind tief und grob dicht punktirt, so dass die Zwischenräume zwischen den Punktchen als erhöhtes Netz erscheinen, wärend die Punkte die Maschen des Netzes bilden. Der Thorax ist ebenso punktirt, nur die Seiten desselben sind grösstentheils kielartig längsgestreift; über die Skulptur der abschüssigen Fläche des Metanotum kann ich nichts positives angeben. Das Stielchen mit der Schuppe und das erste Abdominalsegment sind ebenso punktirt wie der Scheitel, die Kopfseiten und der obere Theil des Thorax; das zweite Segment ist geglättet und hat nur zerstreute Punkte, aus denen die Haare entspringen; die folgenden Segmente kann ich nicht deutlich sehen. Die Flügel scheinen wasserhell zu sein, die Rippen sind ockergelb und das Flügelmal ist braun. Die Beine sind zerstreut punktirt und mit wenig abstehenden Haaren besetzt.

Diese Art gehört zu jenem Subgenus, welches ich seiner Zeit Rhytidoponera genannt habe, obschon nicht alle Merkmale mit der damals gegebenen Diagnose des Subgenus, welche sich nur auf Arbeiter bezogen hat, übereinstimmen. Da mir von Rhytidoponera nur das Weibchen von Ectatomma (Rhytidoponera) rastratum Mayr bekannt ist, so kann ich das oben beschriebene Bernsteinweibchen nur mit diesem vergleichen. E. rastratum stimmt ganz gut mit der Bernsteinart überein, hat auch ein ganz unbewehrtes Pronotum, doch ist das Metanotum der recenten Art deutlich zweizähnig und der Basaltheil geht in den abschüssigen Theil über, wärend bei der Bernsteinart keine deutlichen Zähne, sondern vielmehr zahnartige Haken vorkommen und der Basaltheil von dem abschüssigen Theile durch eine Kante getrennt ist.

4. Prionomyrmex n. g.

Operaria: Mandibulae subensiformes, longe porrectae, margine masticatorio longissimo subtilissime crenulato. Clypeus postice inter antennarum articulationes non intersertus, margine postico rotundato. Scapus gracilis longus. Oculi pone capitis laterum medietatem. Vertex ocellis tribus. Thorax elongatus metanoto postice bidenticulato. Petiolus antice elevatus, supra deplanatus, quadrangularis, antice rotundatus. Abdomen inter segmentum primum et secundum fortiter constrictum, segmento primo campanulato. Unguiculi bidentati.

Arbeiter. Der Kopf ist gerundet viereckig, länger als breit, hinten schwach ausgerandet. Die sehr langen Oberkiefer sind fast sichelförmig, nach vorne gestreckt, ihr Hinterrand ist sehr kurz, ihr Kaurand sehr fein gekerbt und ihre Spitze ist ziemlich scharf und schwach gekrümmt. Die langen Kiefertaster sind mindestens fünfgliedrig, obwol es möglich, aber nicht wahrscheinlich wäre, dass noch ein sechstes Basalglied vorhanden sei. Der Clypeus ist in der Mitte mässig gewölbt, nicht gekielt, mit bogigem Vorder- und eben solchen Hinterrande. Die Seitentheile sind schmal. Die schmalen Stirnleisten divergiren nach hinten und ziehen schwach bogig gegen die Netzaugen. Die Fühler entspringen am Hinterrande des Clypeus und fassen dessen hinteres Ende nicht zwischen sich. Die Anzahl der Fühlerglieder ist mir unbekannt, da das einzige mir vorliegende schlecht erhaltene Stück nur den Schaft und drei Geisselglieder hat. Der Schaft ist lang, dünn und überragt den Hinterrand des Kopfes. Wenn ich recht sehe, so ist das erste Geisselglied etwa doppelt so lang als am Ende dick, das zweite Glied ist länger als das erste, das dritte Glied so lang als das Basalglied. Ob ein Stirnfeld abgegrenzt ist, kann ich nicht ermitteln. Die nur mässig grossen Netzaugen liegen etwas hinter der Mitte der Kopfseiten. Die Ocellen sind ziemlich gross. Der Thorax ist schmal, gestreckt, hinter der Mitte etwas zusammengezogen. Der Basaltheil des Metanotum ist viel länger als breit, schwach gewölbt und hat am hinteren Ende jederseits ein Zähnchen; die abschüssige Fläche ist klein und senkrecht. Das Stielchen ist, von oben gesehen, abgeflacht, viereckig, etwas länger als breit, vorne etwas breiter als hinten mit stark abgerundeten Vorderecken; von der Seite gesehen zeigt das Stielchen vorne eine sehr kurze stielförmige Verlängerung zur Verbindung mit dem Thorax, unmittelbar hinter derselben ist es senkrecht erhöht, welche senkrechte Fläche dem abschüssigen

Theile des Metanotum gegenüber steht; vorne ist das Stielchen ebenso hoch als das Metanotum, hinten ist es weniger hoch. Das erste Hinterleibssegment ist ziemlich klein, fast glockenförmig und vom zweiten Segmente stark abgeschnürt. Die Beine sind lang, die Sporne gekämmt, die Krallen zweizähnig.

Diese Gattung ist unmittelbar an Myrmecia anzureihen, welcher sie jedenfalls zunächst steht, aber durch die mit drei deutlichen Rändern versehenen, nur sehr fein gekerbten Oberkiefer, durch den vorne in der Mitte nicht eingedrückten Clypeus, durch die langen nach hinten und aussen ziehenden Stirnleisten, durch die am Hinterkopfe stehenden Netzaugen, durch das zweizähnige Metanotum und durch das anders geformte Stielchen von Myrmecia unterschieden ist.

1. Prionomyrmex longiceps n. sp.
Fig. 74, 75.

Operaria: Long. corp. 14 mm. Sparsissime pilosa, pedibus pilis brevibus dispersissimis abstantibus.

In der Coll. Berendt ein Stück.

An dem einzigen schlecht erhaltenen und zersetzten Exemplare kann ich keine deutliche Skulptur auffinden; ausser der sehr spärlichen abstehenden Behaarung der Beine zeigt sich an diesen noch eine feine anliegende Pubescenz.

III. Subfamilie Myrmicidae.

Petiolus biarticulatus. Abdomen in Operaria et Femina ano apicali et aculeo instructo. Das zweigliedrige Stielchen ist dieser Subfamilie eigenthümlich und ausser dem am Hinterleibe endständigen und mit einem Stachel versehenen After bei den Arbeitern und Weibchen ist auch kein besonderes Merkmal bei dieser Abtheilung anzuführen.

Die Arbeiter der im Bernstein vertretenen Gattungen und das einzige bisher bekannte Weibchen lassen sich nach folgender Uebersicht unterscheiden:

1. Kopf, Thorax und Stielchen sehr grob und dicht fingerhutartig punktirt; Körper gedrungen; die Pro-Mesonotalnaht fehlt; Metanotum mit 2 Dornen; 1. Stielchenglied gleichförmig dick cylindrisch, vorne ohne stielförmiger Verlängerung . . . . ? *Stigmomyrmex robustus*.
   Anders beschaffen 2
2. Fühler 12 gliedrig 3
   — 9—11 gliedrig 7
3. Clypeus nicht zwischen die Fühlergelenke eingeschoben . . . *Sima*.
   — zwischen die Fühlergelenke eingeschoben 4
4. Die 3 letzten Geisselglieder zusammen kürzer als die übrigen Geisselglieder; Metanotum bewehrt 5
   — — — — — länger als die übrigen Geisselglieder 6
5. Sporne der 4 hinteren Beine dornförmig . . . . *Aphaenogaster*.
   — — — — kammförmig . . . . *Myrmica*.
   — — — — fehlend . . . . *Macromischa*.
6. Metanotum zweidornig; Stirnfeld hinten spitzig; Clypeus hinten ziemlich breit zwischen die Fühlergelenke eingeschoben . . . . *Leptothorax*.
   — unbewehrt; Stirnfeld hinten abgerundet; Clypeus hinten schmal zwischen die Fühlergelenke eingeschoben . . . . *Monomorium*.
7. Fühler 11 gliedrig 8
   — 10 gliedrig; Metanotum zweizähnig . . . . *Stigmomyrmex*.
   — 9 gliedrig; Metanotum zweidornig . . . . *Enneamerus*.
8. Geissel mit einer zweigliedrigen Endkeule; Stirnrinne deutlich; Metanotum zweizähnig . . . . *Pheidologeton* ♀.
   — — — dreigliedrigen Endkeule; Stirnrinne fehlend; Metanotum unbewehrt . . . . *Lampromyrmex*.

Von den Männchen der Myrmiciden wurden mir nur die der Gattungen Aphaenogaster und Leptothorax bekannt; Aphaenogaster hat (bei blosser Berücksichtigung der Bernsteinart) den Clypeus zwischen die Fühlergelenke eingeschoben, das Metanotum ist sehr stark verlängert hinten mit zwei Beulen, das erste Stielchenglied sehr lang, stielförmig ohne Knoten, und zwei geschlossene Cubitalzellen. Leptothorax hat den Clypeus nicht zwischen die Fühlergelenke eingeschoben, das Metanotum ist nicht verlängert, mit zwei Zähnen, das erste Stielchenglied hat oben einen Knoten, die Vorderflügel haben nur eine Cubitalzelle.

1. Aphaenogaster Mayr.

Operaria: Mandibulae triangulares margine masticatorio dentato. Clypeus postice inter antennarum articulationes intersertus. Antennae 12-articulatae funiculo indistincte clavato articulis tribus apicalibus ad unum brevioribus reliquis articulis. Area frontalis triangularis, angulo postico rotundato. Thorax pone medium constrictus, parte antica subsemiglobosa, metanoto bispinoso. Petioli segmentum primum antice petiolatum postice supra nodo instructum; segmentum secundum subglobosum, inerme. Tibiarum 4 posticarum calcaria spiniformia.

Mas: Caput depressum. Mandibulae margine masticatorio dentato. Clypeus postice paulo inter antennarum articulationes intersertus. Antennae 13-articulatae subfiliformes. Thorax antice et in medio elevatus, postice elongatus fortiter depressus et angustatus. Petioli segmentum anticum valde elongatum pedunculiforme, segmentum posticum rotundatum. Alae anticae cellulis cubitalibus duabus et cellula radiali aperta.

Arbeiter. Der Kopf ist, ohne Mandibeln, bei der Bernsteinart etwas gestreckteirund, bei recenten Arten ebenso oder eirund oder gerundet quadratisch. Die Mandibeln sind dreieckig mit meist gezähntem Kaurande (bei der Bernsteinart ist derselbe gezähnt). Der gewölbte Clypeus ist hinten nicht breit zwischen die Fühlergelenke eingeschoben. Die Stirnleisten sind ziemlich kurz. Die Geissel der 12-gliedrigen Fühler ist ziemlich dünn und entweder eine undeutliche oder eine nicht dicke Keule, stets aber sind die drei letzten Geisselglieder zusammen kürzer als die übrige Geissel. Das Stirnfeld ist stets tief eingedrückt, scharf abgegrenzt, gleichschenklig dreieckig, mit einer stark abgerundeten Hinterecke. Die Ocellen fehlen. Die Netzaugen sind nicht gross und liegen in oder etwas vor der Mitte der Kopfseiten. Der Thorax ist zwischen dem Mesonotum und Metanotum breit zusammengeschnürt. Das Pronotum und Mesonotum sind zusammen fast halbkugelförmig gewölbt. Das Metanotum hat 2 Dornen, oder 2 Zähne oder es ist unbewehrt, bei der Bernsteinart finden sich zwei kurze Dornen, die man wol auch grosse Zähne nennen könnte. Das erste Stielchenglied ist vorne deutlich gestielt und hat hinten oben einen Knoten, das zweite Stielchenglied ist mehr oder weniger kugelig und unbewehrt. Der Hinterleib ist eiförmig. Die Beine sind ziemlich lang und die Sporne der 4 hinteren Beine dornförmig.

Männchen. Der Kopf ist ziemlich stark flachgedrückt, von oben gesehen (ohne Mandibeln) viereckig, etwas länger als breit, vorne unbedeutend schmäler als hinten. Die Oberkiefer sind dreieckig und haben einen scharfgezähnten Kaurand. Der Clypeus ist dreieckig, mässig gewölbt, hinten mit der stark bogig abgerundeten Hinterecke etwas zwischen die Fühlergelenke eingeschoben. Die Stirnleisten sind schmal und kurz. Die langen Fühler sind 13-gliedrig, ihr Schaft ist ziemlich kurz, die Geissel ist fast fadenförmig. Das Stirnfeld ist dreieckig (bei den recenten Arten ist die hintere Ecke abgerundet, was ich aber an dem mir vorliegenden Stücke nicht deutlich sehen kann). Die Netzaugen liegen vor der Mitte der Kopfseiten. Der vorne abgerundete Thorax ist nach vorne über das Kopfthoraxgelenk hinaus etwas verlängert, so dass der Kopf in das vordere Ende der Unterseite des Thorax eingelenkt ist. Der Metathorax zeigt bei der Bernsteinart jene Entwicklung, wie sie bei den recenten Arten A. subterranea Ltr., pallida Nyls, testaceopilosa Luc. vorkömmt, es ist dasselbe nemlich lang gezogen, so dass der Thorax vorne und in der Mitte hoch ist, wärend er hinter dem Scutellum plötzlich stark abfällt und auch schmäler wird; das lang gezogene Metanotum hat bei der Bernsteinart hinten zwei Knoten (bei den recenten Arten Zähne). Das lange erste Stielchenglied ist bei der Bernsteinart nur stabförmig und hat oben keinen Knoten, das zweite Glied ist ziemlich kugelig. Der Hinterleib ist eiförmig. Die Beine sind lang und sehr dünn. Die Flügel haben zwei Cubitalzellen, eine grosse Discoidalzelle und eine offene Radialzelle.

1. Aphaenogaster Sommerfeldti c. sp.
Fig. 76, 77.

Operaria: Long. corp. 4.6—5^{mm}. Erecte pilosa; mandibulae striatae margine masticatorio dentato; clypeus modice convexus, subtiliter rugulosus, margine antico in medio leviter emarginato; caput elongato-ovatum, subtiliter punctato-rugulosum et partim reticulatum; antennae longae, graciles; funiculi articuli a secundo ad apicalem sensim paulo majores; thorax subtiliter irregulariter rugulosus et reticulatus; metanotum spinis duabus brevibus triangularibus divergentibus; petiolus subtiliter ruguloso-punctatus; abdomen laeve et nitidum.

In der phys.-ökon. Ges. 1 Stück (Nr. 377) und wahrscheinlich noch ein 2. Stück (Nr. 606), 1 Stück in Coll. Berendt, in Coll. Brischke 2 Stücke, in Coll. Sommerfeldt 1 Stück (Nr. 6).

Arbeiter. Der braune (beim schlecht erhaltenen Stücke der phys.-ökonom. Ges. schwarze) Körper ist so wie bei der recenten Aphaen. subterranea Ltr. gestreckt, mit welcher die Bernsteinart überhaupt die nächste Verwandtschaft hat. Der länglich-eiförmige Kopf hat eine verworrene Skulptur, er ist grösstentheils fein runzlig-punktirt oder auch punktirtgerunzelt, theilweise fingerhutartig punktirt und ist besonders am Scheitel genetzt. Die Oberkiefer sind ziemlich dicht längsgestreift und haben einen stark gezähnten Kaurand. Der Clypeus ist, wie bei Aphaen. subterranea, mässig gewölbt, fein gerunzelt, mit in der Mitte schwach ausgebuchtetem Vorderrande. Der Fühlerschaft überragt den Hinterrand des Kopfes, die ziemlich dünne Geissel ist am Grunde schlanker als an dem nicht stark verdickten Ende; eine deutlich abgegrenzte Keule ist nicht vorhanden, da die Glieder, vom zweiten angefangen, allmählich gegen das Ende der Geissel etwas an Länge und Dicke zunehmen. Das stark vertiefte Stirnfeld ist ziemlich schmal, fein quergestreift und hinten gut abgerundet. Der Thorax ist unregelmässig fein gerunzelt und oben theilweise genetzt, an den Seiten des Pronotum ist er längsgestreift. Bei einem Stücke in Coll. Brischke scheint am Pronotum, von der Seite gesehen, eine sehr deutliche seitliche gekerbte Kante zu laufen, welche am Mesonotum endet. Doch erweist sich diese als Täuschung, denn wenn man an diesem Exemplare den Thorax von oben betrachtet, so zeigt sich keine Spur dieser Kante. Die Seiten des Thorax sind längsgerunzelt. Das Metanotum hat zwei ziemlich kurze, schief nach hinten und oben gerichtete, divergirende, spitzige Dornen, ebenso wie bei Aphaen. subterranea; die abschüssige Fläche ist fein gerunzelt. Das Stielchen ist auch fein gerunzelt und hat seitlich Längsrunzeln. Der Hinterleib ist glatt und glänzend. Die Beine sind ziemlich reichlich, aber wenig abstehend, behaart.

9. Aphaenogaster Berendtii n. sp.
Fig. 78, 79.

Mas: Long. corp. 2.2mm. Subnudus, subtilissime rugulosus; funiculi articulus primus incrassatus, articulus secundus tertio longior; metanotum valde elongatum postice nodis duobus; petioli segmentum primum perlongum pedunculiforme absque nodo; alae infuscatae.
In Coll. Berendt 1 Stück.

Männchen. Hell rothbraun, fast nackt, nur mit sehr vereinzelten feinen Haaren, äusserst fein unregelmässig gerunzelt. Die Oberkiefer sind weniger breit als bei den recenten Arten. Der Schaft dürfte, zurückgelegt gedacht, kaum bis zum vorderen Punktauge reichen. Das erste Geisselglied ist verdickt, ebenso lang als das cylindrische zweite Glied, das dritte Glied ist kürzer als das zweite, die folgenden nehmen sehr unbedeutend und besonders erst die späteren an Länge und Dicke etwas zu. Das sehr lang gestreckte Metanotum hat hinten zwei Höcker. Das erste Stielchenglied ist fast cylindrisch (nur etwas depress), vorne nahe dem Thorax kegelförmig zugespitzt und hat hinten keine Spur eines Knotens, wodurch sich das Männchen dieser Art dem von A. testaceo-pilosa Luc. zunächst stellt, obschon dieses doch hinten oben eine leichte Anschwellung hat. Die Vorderflügel zeigen bei dem einzigen mir vorliegenden Exemplare eine Abnormität, indem jenes Stück der Costa transversa, welches die beiden Cubitaläste verbindet und die innere Cubitalzelle abschliessen sollte, fehlt, wodurch nur eine einzige Cubitalzelle abgegrenzt ist, doch giebt die vollkommene Uebereinstimmung aller Körpertheile die Gewissheit, dass diese Art zu Aphaenogaster gehört. Auch der Vorderflügel selbst zeigt, dass dieses Stück der Costa transversa nur durch einen Bildungsfehler ausgeblieben ist, indem der äussere Ast der Cubitalrippe hinter der Vereinigung mit der vom Pterostigma kommenden Costa transversa eine Strecke weit verdickt ist, und auch die Theilung der Costa cubitalis in ihre zwei Aeste früher eintritt, als diess der Fall sein würde, wenn normal die Anlage einer einzigen Cubitalzelle vorhanden wäre und die Costa transversa sich nur mit dem äusseren Aste der Cubitalrippe verbinden müsste. Solche Abnormitäten bereiten dem Ungeübten grosse Schwierigkeiten bei der Bestimmung. Eigenthümlich ist auch, dass dieses Männchen die convergirenden Linien am Mesonotum eingedrückt hat, wärend diese bei allen mir bekannten Aphaenogaster-Männchen fehlen, doch ist mir schon mehrmals eine solche für den Systematiker höchst unangenehme Abweichung bei verschiedenen Gattungen vorgekommen.

Zu A. Sommerfeldti konnte ich dieses Männchen nicht stellen, weil die Körpergrösse im Verhältnisse viel zu gering ist.

2. Macromischa Roger.

Operaria: Mandibulae triangulares margine masticatorio dentato. Clypeus convexus, triangularis, angulo postico inter antennarum articulationes interserto, fortiter rotundato. Antennae 12-articulatae; funiculi articulus primus aequilongus articulis secundo et tertio ad unum, articuli 3 apicales ad unum reliquis articulis paulo breviores. Area frontalis triangularis. Ocelli nulli. Oculi in capitis laterum medietatem. Thorax supra longitrorsum subrectus, cum impressione transversa inter mesonotum et metanotum. Metanotum bispinosum. Petiolus binodosus. Pedes quatuor posteriores absque calcaribus.

Arbeiter. Der Kopf ist (ohne Oberkiefer) gerundet-viereckig, mit mässig ausgerandetem Hinterrande. Die mässig breiten Mandibeln haben einen gezähnten Kaurand. Von den Kiefertastern sehe ich (bei M. Beyrichi in Coll. phys.-ök. Ges.) genau 4 Glieder, doch dürften sie wahrscheinlich fünfgliedrig sein. Der mittlere Theil des Clypeus ist gewölbt, hinten stark bogig abgerundet zwischen die Fühlergelenke eingeschoben, und hat keinen Mittellängskiel. Die Länge der Stirnleisten ist bei den Bernsteinarten ziemlich kurz und sie sind wenig erweitert. Die Geissel der 12 gliedrigen Fühler hat bei den Bernsteinarten eine dreigliedrige Keule, welche stets kürzer ist als die übrigen Geisselglieder zusammen lang sind. Das Stirnfeld ist dreieckig. Die Ocellen fehlen. Die Netzaugen stehen ziemlich in der Mitte der Kopfseiten. Der Thorax ist oben der Länge nach ziemlich gerade, nur bei manchen recenten Arten etwas bogig, zwischen dem Mesonotum und dem Metanotum ist er schwach oder stark eingeschnürt. Das Metanotum hat zwei Dornen (nur einige recente auf Cuba lebende Arten haben ein unbewehrtes Metanotum). Das erste Segment des Petiolus ist vorne kurz oder lang gestielt und trägt oben einen Knoten; das zweite Segment ist ziemlich kugelig. Der Hinterleib ist eiförmig-gerundet. Die mässig langen Beine sind dadurch ausgezeichnet, dass nur die Sporne der Vorderbeine vorhanden sind, wärend die Sporne der Mittel- und Hinterbeine fehlen.

Die Arbeiter dieser Gattung unterscheiden sich von denen der Gattung Myrmica im Wesentlichen nur durch den Mangel der Sporne an den vier hinteren Beinen, so dass es bei nicht gut erhaltenen Bernsteinstücken manchmal sehr schwierig ist, beide Gattungen zu unterscheiden.

Die vier mir bekannten Bernsteinarten unterscheiden sich insbesondere in folgender Weise:

1. Die Dornen des Metanotum sind kürzer als der Basaltheil desselben.
   a) Die Dornen des Metanotum sind horizontal, gerade, beiläufig so lang, als die Entfernung derselben von einander beträgt, und nur halb so lang als der Basaltheil des Metanotum; der grob genetzte Thorax ist zwischen dem Mesonotum und Metanotum nur schwach eingeschnürt . . . . *M. Beyrichi.*
   b) Die Dornen des Metanotum sind etwas gebogen, schief nach hinten und oben gerichtet, viel länger als die Entfernung derselben von einander beträgt und etwas kürzer als der Basaltheil des Metanotum; der runzlig längsgestreifte Thorax ist zwischen dem Mesonotum und Metanotum stark eingeschnürt . . . . *M. rugosostriata.*
2. Die Dornen des Metanotum sind deutlich länger als der Basaltheil desselben.
   a) Kopf und Thorax nicht grob netzartig- und theilweise unregelmässig gerunzelt; die Dornen des Metanotum fast ganz aufrecht und etwas gekrümmt; das hinterste Ende des Thorax jederseits abgerundet; Körperlänge 2.4 ^{mm} . . . . *M. petiolata.*
   b) Kopf und Thorax sehr grob längsgerunzelt, Scheitel und Pronotum sehr grob genetzt; die Dornen des Metanotum schief nach oben und hinten gerichtet; das hinterste Ende des Thorax jederseits in einen dreieckigen spitzigen Zahn verlängert; Körperlänge 5 ^{mm} . . . . *M. rudis.*

11 *

1. Macromischa Beyrichi n. sp.

Fig. 80, 81.

Operaria: Long. corp. 4 mm. Modice erecte pilosa, pedibus pilis oblique abstantibus; caput longitudinaliter striato-rugosum et disperse punctatum; mandibulae dense striatae; clypeus sulco longitudinali valde superficiali laevi; scapus dense longitudinaliter striatus; thorax rude reticulatus, inter mesonotum et metanotum impressione transversa indistincta; metanotum spinis 2 brevibus horizontalibus, rectis; petiolus partim striolatus segmento primo antice breve petiolato; abdomen laeve et nitidum.

In der physik.-ökonom. Gesellschaft 1 Stück (Nr. 198), im Berliner Museum 1 Stück (Nro. 5).

Arbeiter. Schwarzbraun, ziemlich glänzend; mit mässig reichlicher aufrechter Behaarung, die an den Beinen schief abstehend und feiner ist. Die Mandibeln sind dicht längsgestreift und zerstreut punktirt. Der Clypeus ist dicht längsgestreift, hat aber in der Mitte eine sehr seichte, ganz glatte, stark glänzende Längsfurche. Der Fühlerschaft ist dicht und scharf längsgestreift; die Geissel hat am Ende eine dreigliedrige Keule. Das Stirnfeld ist glatt und stark glänzend. Die übrigen Kopftheile sind runzlig-längsgestreift und zwischen den Streifen zerstreut punktirt. Der Thorax ist grob genetzt, zwischen dem Mesonotum und Metanotum schwach quer eingedrückt. Das Metanotum hat zwei ziemlich kurze, spitzige, gerade nach hinten gerichtete, etwas divergirende Dornen, welche beiläufig so lang sind als die Entfernung derselben von einander beträgt und nur halb so lang sind als der Basaltheil des Metanotum; die abschüssige Fläche zeigt eine ziemlich seichte Querstreifung. Das Stielchen ist fein gerunzelt, stellenweise gestreift und mit haartragenden Punkten besetzt. Der Hinterleib ist glatt und stark glänzend. Die Beine haben zerstreute, seichte, haartragende Punkte.

2. Macromischa rugosostriata n. sp.

Fig. 82.

Operaria: Long. corp. 4 mm. Modice erecte pilosa, pedibus pilis oblique abstantibus; longitrorsum rugoso-striata, mandibulae disperse punctatae; clypeus in medio laevigatus; scapus laevigatus punctis dispersis; thorax inter mesonotum et metanotum distinctissime constrictus; metanotum spinis 2 modice longis, paulo curvatis, oblique retro et sursum directis; abdomen laeve et nitidum.

In der physikalisch-ökonomischen Gesellschaft 1 Stück (Nr. 218), in Coll. Künow 1 Stück (Nr. 15).

Arbeiter. Braun, mit einer Behaarung wie bei der vorigen Art. Die Oberkiefer sind nur seicht und theilweise gestreift, aber deutlich zerstreut punktirt. Der Kopf und der Thorax sind runzlig-längsgestreift, mit zerstreuten Punkten in den Zwischenräumen der Streifen. Die glatte Längsfurche in der Mitte des Clypeus ist breit und kaum eingedrückt. Das Stirnfeld ist fein längsgestreift oder fast glatt. Der Fühlerschaft ist sehr zerstreut punktirt und zeigt keine Längsstreifung. Der Thorax ist zwischen dem Mesonotum und Metanotum ziemlich stark eingeschnürt. Die Dornen des Metanotum sind etwas gekrümmt, schief nach hinten und oben gerichtet, etwas kürzer als der Basaltheil des Metanotum, und länger als die Entfernung der Dornen von einander. Das Stielchen ist längsgestreift. Der Hinterleib ist glatt und glänzend. Die Beine haben seichte, zerstreute haartragende Punkte.

3. Macromischa petiolata n. sp.
Fig. 83, 84.

Operaria: Long. corp. 2.4 ᵐᵐ. Sparse pilosa, pedibus pilis brevibus oblique abstantibus, reticulato-rugosa et subtiliter irregulariter rugulosa; mandibulae dense striatae; thorax inter mesonotum et metanotum distincte at hand profunde constrictus et ibidem carinulis brevissimis longitudinalibus; thoracis latera longitrorsum rugosa et partim reticulata; metanotum spinis 2 longis curvatis, suberectis, divergentibus; petiolus longitudinaliter rugulosus et supra laevigatus, segmento primo antice distinctissime petiolato; abdomen laeve et nitidum.

In der phys.-ökon. Ges. 1 Stück (Nr. 237), in Coll. Berendt 1 Stück, an welchem aber die Skulptur gar nicht zu sehen ist.

Arbeiter. Kastanienbraun, mit einer ziemlich langen, aber spärlichen, aufrechten Behaarung, die Beine haben viel kürzere, schief abstehende Haare, die Fühler haben eben solche aber reichlicher vorhandene Haare. Der Kopf und der Thorax sind netzartig- und auch theilweise unregelmässig gerunzelt. Die Oberkiefer sind zerstreut punktirt und längsgestreift, nur nahe dem Kaurande fast glatt. Den Clypeus kann ich nicht deutlich sehen, nur seinen vorderen Theil sehe ich stark gewölbt, ziemlich glatt mit zwei schwachen Längskielchen (welche ich aber nicht ganz deutlich sehe). Das Stirnfeld und die Stirn kann ich an den mir vorliegenden Stücken nicht sehen. Der Schaft reicht nicht bis zum Hinterrande des Kopfes. Die Geissel hat eine dreigliedrige Endkeule. Der Thorax ist vorne gerundet, zwischen dem Mesonotum und Metanotum deutlich aber nicht stark eingeschnürt, die Einschnürung selbst ist mit kurzen Längskielchen versehen; die Seiten des Thorax zeigen, besonders hinten, eine mässig grobe Längsrunzelung. Das Metanotum hat zwei Dornen, welche länger sind als der Basaltheil des Metanotum, sie sind fast aufrecht (nur wenig nach hinten geneigt), divergirend, deutlich gekrümmt und spitzig; die abschüssige Fläche des Metanotum ist quer gestreift; das hintere untere Ende des Thorax, welches den Gelenkskopf des ersten Stielchengliedes einschliesst, ist jederseits abgerundet. Das Stielchen ist seitlich längsgerunzelt, oben ziemlich glatt, dessen erstes Segment hat vorne einen nicht kurzen Stiel, welcher flachgedrückt ist, so dass er, von oben gesehen, mässig breit, von der Seite betrachtet, dünn ist; das zweite Stielchensegment ist quer oval gerundet, etwas breiter als der Knoten des ersten Segmentes. Der Hinterleib ist glatt und glänzend.

4. Macromischa rudis n. sp.
Fig. 85.

Operaria: Long. corp. 5ᵐᵐ. Pilosa, rudissime longitudinaliter striato-rugosa, capite postice et pronoto rudissime reticulatis; funiculi clava indistincte separata; thorax inter mesonotum et metanotum parum impressus; metanotum spinis 2 perlongis et infra postice dentibus 2 acutis; abdomen laeve et nitidum.

In der phys.-ökon. Ges. 1 Stück (Nr. 489), in Coll. Sommerfeldt 1 Stück (Nr. 41).

Arbeiter. Braun, am Kopfe und Thorax mässig, am Hinterleibe reichlicher aufrecht lang behaart; die Fühler und Beine haben eine ziemlich reichliche abstehende Behaarung. Die Geissel hat eine nicht scharf abgegrenzte 3- (fast 4-) gliedrige Endkeule. Die Oberkiefer sind grob längsgestreift und zwischen den Streifen zerstreut punktirt. Kopf, Thorax und Stielchen sind sehr grob längsgerunzelt, der Scheitel, besonders hinter den Augen und das Pronotum sind sehr grob netzaderig. Die Einschnürung zwischen dem Mesonotum und Metanotum ist schwach. Die Dornen des Metanotum sind länger als der Basaltheil des

Metanotum, sie sind ziemlich gerade, spitzig, schlank und schief nach hinten, oben und aussen gerichtet. Am hintersten unteren Ende des Thorax, welches den Gelenkskopf des ersten Stielchengliedes einschliesst, findet sich jederseits noch ein dreieckiger spitziger Zahn. Der Hinterleib ist glatt und glänzend.

Bei den zwei mir vorliegenden Stücken scheint die Richtung der Dornen nicht die gleiche zu sein, denn bei dem einen Stücke scheinen sie fast horizontal, bei dem anderen schief nach hinten und oben gerichtet zu sein. Dieser Täuschung ist man auch oft bei den recenten Arten ausgesetzt, wenn z. B. eine Ameise schief gespiesst ist, wärend die anderen richtig gestellt sind. Die Richtung der Dornen kann man nur in der Weise bestimmen, dass man sich bei der Seitenansicht des Thieres die Basis der Hüftgelenke der Vorder- und Hinterbeine horizontal stellt und dann nach dieser Horizontalen die Richtung der Dornen bestimmt.

Ich glaube mich wol nicht zu irren, wenn ich diese Art zur Gattung Macromischa stelle, obschon eine Irrung immerhin möglich wäre, da ich nicht vollkommen sicher sehe, dass die Sporne der Mittel- und Hinterbeine fehlen; wenn diese Sporne vorhanden wären, so müsste diese Art zur nächsten Gattung gestellt werden.

3 Myrmica Latreille.

Operaria: Mandibulae triangulares margine masticatorio dentato. Clypeus subtrapezoideus, convexus, parte postica late interserta inter antennarum articulationes, angulis posticis rotundatis. Laminae frontales antice dilatatae. Antennae 12-articulatae, funiculi clava triarticulata ceteris articulis ad unum breviore. Area frontalis distincte trigona angulis acutis. Thorax inter mesonotum et metanotum parum impressus postice bispinosus. Calcaria omnia pectinata.

Arbeiter. Der Kopf ist, ohne den Mandibeln, viereckig-eirund. Die Oberkiefer sind dreieckig, am Ende breit, mit gezähntem Kaurande. Der Clypeus ist ziemlich stark gewölbt, fast trapezförmig, hinten halb so breit als vorne mit abgerundeten Hinterecken. Die Stirnleisten sind vorne ohrfürmig erweitert. Der Schaft der 12-gliedrigen Fühler reicht fast oder vollständig bis zum bogig ausgeschnittenen Hinterrande des Kopfes und ist am Grunde stets gebogen. Die Geissel ist an der Endhälfte mässig keulenförmig verdickt, welche Keule bei den Bernsteinarten mehr oder weniger deutlich 3-gliedrig (bei den recenten Arten 3—5-gliedrig) ist; das erste Geisselglied ist stets länger als das zweite, welches so wie die folgenden bis zum 6. (bei den recenten Arten bis zum 6. oder 8.) klein ist, die 2 vorletzten Glieder sind stets gross und dick und das Endglied ist noch grösser; die drei letzten Glieder der Geissel sind zusammen stets kürzer als die übrigen Geisselglieder zusammen lang sind. Das Stirnfeld ist ziemlich gleichseitig dreieckig mit spitzigen Ecken und geraden Rändern, die Ocellen fehlen. Die Netzaugen stehen bei den Bernsteinarten entweder in der Mitte der Kopfseiten oder fast an den stark abgerundeten Hinterecken des Kopfes. Der Thorax ist etwas schmäler als der Kopf, vorne wenig breiter als hinten, zwischen dem Mesonotum und Metanotum bei den Bernsteinarten schwach eingeschnürt. Das Metanotum hat an den Hinterecken des Basaltheils des Metanotum 2 Dornen (welche nur bei der recenten europäischen M. rubida Ltr. fehlen). Das erste Stielchenglied ist vorne gestielt, wärend es hinten oben einen rundlichen Knoten trägt, das zweite Glied ist knotenförmig und hat unten keinen Zahn. Der Hinterleib ist eiförmig. Die Beine sind mässig lang, sie sind durch die kammförmigen Sporne an allen Tibien ausgezeichnet, wodurch sich diese Gattung besonders von Aphaenogaster und Macromischa unterscheidet.

1. Myrmica longispinosa n. sp.
Fig. 86.

Operaria: Long. corp. circa 5 mm. Sparse erecte pilosa; rudissime reticulata, mandibulis, clypeo, genis, fronte, metanoto et petiolo rude longitudinaliter striato-rugosis abdomine laevi, pedibus subtiliter coriaceo-rugulosis; sulcus pro scapi receptione nullus; oculi in capitis laterum medietatem; thoracis suturae supra indistinctissimae; metanotum supra spinis 2 longis paulo curvatis, postice infra inerme.
In der phys.-ökon. Ges. 1 Stück (Nr. 40).

Arbeiter. Die Farbe ist wegen dem vorhandenen weissen Ueberzuge nur am Hinterleibe und an den Fühlern als eine schwarzbraune, an den Beinen, besonders an den Tarsen als eine lichtbraune zu erkennen. Die Behaarung ist spärlich, ziemlich lang und aufrecht, die Beine und besonders die Fühler sind reichlicher abstehend behaart. Die Oberkiefer sind längsgestreift, ebenso der Clypeus. Die Stirnleisten sind ziemlich kurz. Der Fühlerschaft ist am Grunde bogig gekrümmt; die Geissel hat keine deutlich abgegrenzte Endkeule, indem die Glieder von der Geisselbasis bis zur Spitze allmählich an Dicke zunehmen. Das Stirnfeld kann ich wegen der ungünstigen Lage des Thieres nicht sehen. Die Fühlergrube setzt sich hinten nicht in eine Fühlerfurche fort, (wie bei der nächsten Art). Die Stirn ist vorne sehr grob längsgerunzelt, hinten so wie der Scheitel und die Kopfseiten vor und hinter den Augen sehr grob erhoben netzartig gerunzelt mit grossen Maschen. Der Thorax ist ziemlich kurz und noch etwas gröber genetzt wie der Scheitel; das Metanotum ist sehr grob längsgerunzelt. Die Pro-Mesonotalnaht ist nicht ausgeprägt, die Trennung des Mesonotum vom Metanotum ist nur durch einen ziemlich schwachen Quereindruck angezeigt, ohne dass die Skulptur dadurch unterbrochen würde. Das Metanotum hat am Hinterrande des Basaltheiles zwei spitzige, nur wenig divergirende, nach hinten gerichtete Dornen, welche länger sind als der Basaltheil des Metanotum. Am unteren hinteren Ende des Metathorax, zu beiden Seiten des Thoraxstielchengelenkes finden sich keine Zähne. Das Stielchen ist nicht deutlich zu sehen, doch erkenne ich eine grobe Längsstreifung des zweiten Knotens. Der Hinterleib ist glatt und glänzend. Die Beine sind fein lederartig gerunzelt.

Diese Art steht der recenten europäischen M. sulcinodis sehr nahe, auch der vorhin beschriebenen Macromischa rudis m. ist sie sehr ähnlich, unterscheidet sich aber, ausser den generisch wichtigen Sporneu der Mittel- und Hinterbeine, durch den auch in der Mitte genetzten Thorax und besonders durch die abgerundeten Hinterenden des Thorax, welche den Gelenkskopf des ersten Stielchengliedes einschliessen.

2. Myrmica Duisburgi n. sp.
Fig. 87, 88.

Operaria. Long. corp. circa 6 mm. Sparse erecte pilosa, rudissime reticulata, mandibulis et clypeo rude striatis, area frontali subtiliter striata, abdomine laevi nitido; laminae frontales rectae fere ad capitis angulos posticos extensae, extra has sulcus longitudinalis distinctissimus pro receptione scapi; funiculi clava triarticulata; oculi ad capitis angulos posticos situati; metanotum quadrispinosum.
In der phys.-ökon. Ges. 1 Stück (Nr. 639).

Arbeiter. Braun, theilweise braunschwarz; der Kopf, der Thorax, das Stielchen und der Hinterleib sind sparsam mit aufrechten, mässig langen Haaren besetzt, die Beine sind etwas reichlicher und kürzer behaart. Die Oberkiefer sind scharf gestreift, mit zwischen den

Streifen liegenden zerstreuten Punkten, sie sind an dem ziemlich stumpf gezähnten Kaurande breit. Der mittlere Theil des Clypeus ist grob längsgestreift, er ist seitlich durch je eine Kante, welche die Fortsetzung der Stirnleiste bildet, von den Seitentheilen geschieden, der Vorderrand ist in sehr flachem Bogen ausgeschnitten; die Seitentheile des Clypeus bilden zunächst dem mittleren Theile durch den vorderen aufgebogenen kielartigen Rand die vordere Grenze der tiefen Fühlergrube. Die vorne über dem Gelenkskopfe des Schaftes ohrförmig erweiterten Stirnleisten ziehen sich in der Richtung gegen die Hinterecken des Kopfes als scharfe Kanten in gerader Linie bis zur Höhe der Augen, biegen sich dann nach aussen und verlieren sich allmählich. Unmittelbar ausserhalb dieser langen Stirnleisten zieht eine breite Furche, die sich hinter dem Auge ebenfalls nach aussen krümmt, und zum Einlegen des Fühlerschaftes dient; diese Furche ist vorne glatt und hat daselbst nur einige Querstreifen, hinten hat sie aber viele erhöhte Querstreifen. Der grob längsgestreifte Fühlerschaft ist am Grunde knieförmig gebogen und wird gegen das Ende dicker. Die Geissel hat eine dreigliedrige Keule. Das sehr scharf abgegrenzte Stirnfeld ist fein längsgestreift. Stirn, Scheitel und Wangen sind sehr grob genetzt. Die Netzaugen stehen fast an den Hinterecken des Kopfes. Der Thorax ist sehr grob genetzt, nur die abschüssige Fläche ist fein gerunzelt. Die Furche zwischen dem Pronotum und Mesonotum ist deutlich, obwol seicht, jene zwischen dem Mesonotum und Metanotum stark ausgeprägt. Das Metanotum hat am Hinterende des Basaltheiles zwei dreieckige, spitzige, nicht lange Dornen, so wie am hinteren unteren Ende zwei ebenso geformte, nur etwas kleinere Dornen; diese letzteren entsprechen den dreieckigen, zahnförmigen oder abgestumpften Plättchen (wie sie bei den recenten Myrmica-Arten vorkommen) oder den rundlichen Plättchen (wie sie sich bei den meisten Myrmiciden finden), welche das Thorax-Stielchengelenk von der Seite stützen. Die Knoten des Stielchens sind grob genetzt, das erste Segment ist vorne sehr kurz und dick gestielt. Der Hinterleib ist glatt und glänzend.

Die lange Fühlerfurche und die ganz ausserordentlich weit nach hinten gestellten Augen geben dieser Art ein von den recenten Arten auffallend verschiedenes Aussehen; da aber im Uebrigen die Merkmale mit Myrmica übereinstimmen und diese eben genannten Eigenthümlichkeiten bei anderen Gattungen nur specifische Unterschiede abgeben, so musste ich diese Art zu Myrmica stellen.

4. Leptothorax Mayr.

Operaria: Mandibulae triangulares margine masticatorio dentato. Clypeus postice semicirculatim rotundatus et modice inter antennarum articulationes intersertus. Antennae 12-articulatae, funiculo articulis 2.—8. minutis, brevioribus quam crassioribus, articulis 3 ultimis clavam crassam articulis 1.—8. ad unum longiorem formantibus. Area frontalis trigona. Oculi in capitis laterum medietatem. Ocelli nulli. Thorax antice iuermis et rotundatus, postice bispinosus, supra pilis subclavatis obtusis. Petioli segmentum primum antice brevissime petiolatum, supra nodo transverso, segmentum secundum subglobosum. Abdomen ovatum. Pedum posteriorum calcaria simplicia.

Mas: Mandibulae triangulares, haud latae, margine masticatorio dentato. Clypeus fornicatus, non carinatus et haud intersertus inter antennarum articulationes. Antennae 13-articulatae ad clypei marginem posticum oriuntur; scapus brevis, funiculus articulo primo incrassato. Area frontalis trigona inter antennarum articulationes situata. Mesonotum sulcis 2 convergentibus. Metanotum bidentatum, non elongatum. Alae anticae cum cellula cubitali una; costa cubitalis in furcae initio conjuncta costae transversae; cellula radialis aperta.

Arbeiter. Der Kopf ist, ohne Mandibeln, rundlich-viereckig mit bogig ausgerandetem Hinterrande. Die Oberkiefer sind dreieckig mit mässig langem gezähnten Kaurande. Der dreieckige Clypeus hat eine stark abgerundete Hinterecke, welche ziemlich breit und zwischen die Fühlergelenke eingeschoben ist. Die Stirnleisten sind mässig von einander entfernt, nicht lang, vorne etwas muschelförmig erweitert und hinten schmal. Die Fühler sind bei den recenten Arten 11—12gliedrig, bei der Bernsteinart 12gliedrig; der Schaft ist mässig lang, das erste Geisselglied ist verlängert, die zwei vorletzten Glieder sind gross und bilden mit dem grössten spindelförmigen Endgliede eine dicke Keule, die zwischen dem Basalgliede und der Keule gelegenen Glieder sind sehr klein und dicker als lang. Das Stirnfeld ist dreieckig. Die Stirnrinne ist deutlich. Die kleinen Netzaugen liegen in der Mitte der Kopfseiten. Die Ocellen fehlen. Der Thorax ist durch die schwachkeuligen Haare, deren Spitze stark abgestumpft ist, ausgezeichnet, er ist vorne gerundet, seine Pro-Mesonotalnaht ist verwischt. Das Metanotum hat 2 Dornen (oder auch bei recenten Arten Zähne). Das erste Stielchenglied hat oben einen dicken queren Knoten, welcher nach vorne schief zum Thorax-Stielchengelenke abfällt, so dass der Stiel vor dem Knoten sehr kurz und undeutlich ist, das zweite Stielchenglied ist quer knotenförmig und hat unten keinen Zahn. Der Hinterleib ist ziemlich klein und eiförmig. Die Beine sind nicht lang, und die Sporne der vier hinteren Tibien sind dünn und einfach dornförmig.

Männchen. Der Kopf ist, ohne den Oberkiefern, ziemlich rundlich, wegen der grossen Netzaugen etwas breiter als lang. Die Mandibeln sind dreieckig mit gezähntem Kaurande (ungezähnt bei dem Männchen der recenten Art L. acervorum Fabr.). Der fast trapezförmige, gewölbte, ungekielte Clypeus reicht nach hinten nur bis zu den Fühlergelenken, und ist nicht zwischen diese (wie beim Arbeiter) eingeschoben, sondern das dreieckige Stirnfeld liegt zwischen diesen. Die Stirnleisten sind nicht lang, vorne etwas ohrförmig erweitert, und nach hinten wenig divergirend. Die Fühler sind bei den recenten Arten 12 bis 13gliedrig, bei der Bernsteinart 13gliedrig, deren Schaft ist kurz und gleichmässig verdickt, die fast fadenförmige Geissel nimmt vom zweiten Gliede angefangen gegen das Ende etwas an Dicke zu, das erste Glied ist verdickt und etwas länger als dick. Der Thorax ist vorne gerundet; das Mesonotum hat die zwei convergirenden Linien; das Metanotum sitzt schief am Thorax auf und ist bei der Bernsteinart zweizähnig. Das erste Glied des unbewehrten Stielchens ist oben knotenförmig verdickt, das zweite Glied ist knotenförmig. Die Beine sind lang, die Sporne der Mittel- und Hinterschienen dornförmig. Die Vorderflügel haben nur eine Cubitalzelle, eine geschlossene Discoidalzelle und eine am Ende offene Radialzelle; die Costa transversa verbindet sich mit der Costa cubitalis an deren Theilungsstelle in die zwei Aeste.

1. Leptothorax gracilis n. sp.
Fig. 89—92.

Operaria: Long. corp. circa 2^{mm}. Erecte pilosa, antennis pedibusque absque pilis abstantibus; caput postice et thorax reticulatim rugosa; inter mesonotum et metanotum supra sulcus transversus; metanotum spinis 2 divergentibus paulo curvatis; metanoti pars declivis et petiolus dense punctato-rugulosa; abdomen laeve nitidum.

In der phys.-ökon. Ges. ein Stück (Nr. 369).

Mas: Long. corp. circa 2.3^{mm}. Sparsissime pilosus, oculis copiose breviter abstante pilosis; mandibulae margine masticatorio quadridentato; caput rugulosum partim longitudinaliter rugosum; funiculi filiformis articulus primus incrassatus paulo longior quam latior, articuli ceteri cylindrici, articuli secundus et apicalis longi, articuli reliqui paulo breviores; thorax subtiliter rugulosus punctis dispersis; metanotum bidentatum; abdomen sublaeve; alae infuscatae. In der phys.-ökon. Ges. in einem Bernsteinstücke (Nr. 641) zwei Exemplare.

Arbeiter. Die dunkelbraune Farbe des mir vorliegenden Stückes dürfte nicht die ursprüngliche sein, da die Spuren der Zersetzung sehr deutlich zu sehen sind und die meisten recenten Arten eine gelbe oder rothgelbe Farbe haben. Die aufrechte Behaarung des Kopfes, des Thorax, des Stielchens und des Hinterleibes ist mässig reichlich und die meisten Haare haben eine ziemlich stumpfe Spitze, die Fühler und Beine sind nicht abstehend behaart. Die Lage des Kopfes im Bernsteine ist bei dem mir vorliegenden Stücke eine solche, dass dessen vorderer Theil im Detail nicht untersucht werden kann. Die Fühler sind zwölfgliedrig. Der Scheitel ist netzartig gerunzelt. Die Oberseite des Thorax zeigt eine sehr deutliche mehr oder weniger netzartige Runzelung. Der Thorax ist zwischen dem Mesonotum und Metanotum deutlich, obschon nicht tief, eingeschnürt. Das Metanotum hat zwei divergirende, schief nach hinten und oben gerichtete, etwas gekrümmte, spitzige Dornen, welche jedenfalls so lang wie der Basaltheil des Metanotum sind; der abschüssige Theil des Metanotum und das Stielchen sind fein punktirt gerunzelt. Der Hinterleib ist glatt und glänzend.

Männchen. Dunkelbraun, theilweise braunschwarz, die Fühler und besonders die Beine heller braun, der Hinterleib ist an einem Exemplare ziemlich rothbraun. Der Kopf und der Thorax haben eine sehr zerstreute, lange und überdiess eine reichliche sehr kurze und feine aufrecht stehende Behaarung, am Stielchen sehe ich die kurze Behaarung schief gestellt, am Hinterleibe sehe ich nur lange zerstreute Haare; die Netzaugen sind reichlich, sehr kurz und aufrecht stehend behaart; die Fühler und Beine sind sehr kurz behaart. Der Kaurand der ziemlich schmalen Oberkiefer hat vier scharfe Zähne. Der Kopf ist fein gerunzelt, an den Seiten der Stirn deutlich längsrunzelig. Die Fühler sind 13gliedrig; das erste Glied der fadenförmigen Geissel ist verdickt und etwas länger als dick, das zweite Glied ist lang, cylindrisch, die folgenden sind auch cylindrisch, doch kürzer, das Endglied ist wieder länger, der Thorax ist fein gerunzelt; das Mesonotum hat zerstreute Punkte, das Metanotum hat zwei dreieckige Zähnchen. Der Hinterleib scheint glatt zu sein. Die Flügel sind bräunlich angeraucht mit braunen Rippen.

Der Arbeiter dieser Art hat in Bezug der gekrümmten Metanotumdornen mit dem nordamerikanischen L. curvispinosus Mayr viel Aehnlichkeit, doch sind bei der Bernsteinart diese Dornen kürzer und weniger gekrümmt und der Thorax ist zwischen dem Mesonotum und Metanotum eingeschnürt, durch welches letztere Merkmal sich der Arbeiter der Bernsteinart an den recenten europäischen L. Nylanderi Först. anschliesst. Das Männchen stimmt hauptsächlich mit den Männchen der europäischen Arten L. Nylanderi Först. und unifasciatus Ltr. überein; weicht aber von diesen durch die cylindrische Geissel ab und nähert sich dadurch dem L. acervorum Fabr., obschon das Männchen dieser Art nur zwölfgliedrige Fühler hat.

5. Monomorium Mayr.

Operaria: Mandibulae margine masticatorio dentato. Clypeus triangularis sulco mediano longitudinali, parte postica haud lata inter antennarum articulationes interserta, angulo postico fortiter rotundato, margine antico a mandibulis abstante. Laminae frontales haud longae, subparallelae. Antennae 12-articulatae funiculo articulis 2.—8. brevissimis, articulis tribus apicalibus magnis, clavam crassam articulis funiculi ceteris ad unum longiorem formantibus. Area frontalis angusta postice rotundata. Sulcus frontalis et ocelli absunt. Oculi ovati, minuti, paulo ante capitis laterum medietatem. Thorax inermis sutura pro-mesonotali subobliterata, sutura meso-metanotali impressa, metanoto convexo. Petioli segmentum primum antice petiolatum, postice supra nodo transverso, segmentum secundum globosum. Abdomen ovatum. Calcaria intermedia et postica simplicia et tenuissima.

Arbeiter. Der Kopf ist, ohne Mandibeln, länglich-viereckig mit im weiten Bogen gekrümmten Seitenrändern, abgerundeten Hinterecken und im flachen Bogen ausgebuchteten Hinterrande. Die schmalen dreieckigen Oberkiefer haben einen scharf gezähnten, ziemlich kurzen Kaurand. Der Clypeus hat eine bei der Bernsteinart seichte ziemlich breite Mittellängsfurche, aber vorne keine Zähne (welche bei einigen recenten Arten vorkommen); mit seinem hinteren nicht breiten Theile ist er stark zwischen die Fühlergelenke eingeschoben und stösst mit der stark abgerundeten Hinterecke an das Stirnfeld; der Vorderrand des Clypeus ist von den Mandibeln deutlich entfernt, so dass er etwas vordachartig über oder eigentlich hinter den Oberkiefern steht, aber doch die Ansicht der Mandibeln von oben nicht behindert. Die Stirnleisten sind schmal, einander ziemlich genähert (wegen dem nur schmalen eingeschobenen Stücke des Clypeus), sie sind fast parallel und nicht lang. Die 12gliedrigen Fühler sind nicht sehr nahe dem Vorderrande des Kopfes eingefügt, deren Schaft ist schlank, das erste Geisselglied ist verlängert und etwas verdickt, die folgenden Glieder sind sehr klein, die 3 letzten Geisselglieder aber bilden eine grosse dicke Keule, welche länger ist als die übrigen 8 Geisselglieder zusammen, das spindelförmige Endglied ist länger als die zwei vorletzten Glieder zusammen. Das Stirnfeld ist nicht gross, länger als breit, mit fast parallelen Seitenrändern, hinten ist es abgerundet. Die Stirnrinne ist nicht ausgeprägt. Die Ocellen fehlen. Der Thorax ist vorne gerundet, schmäler als der Kopf, nur wenig breiter als hinten, hinter der Mitte ist er eingeschnürt. Das Pronotum und Mesonotum sind oben fast ohne Spur einer Naht verwachsen. Das Metanotum hat, wie überhaupt der ganze Thorax, keine Zähne oder Dornen, es ist stark gewölbt und seine Basalfläche geht ohne Grenze in die abschüssige Fläche über. Das erste Stielchenglied ist vorne kurz und ziemlich dick gestielt, oben und mehr rückwärts hat es einen queren gerundeten Knoten; das zweite Stielchenglied ist fast kugelig und hat unten keinen Zahn. (Es dürfte bei dieser Gelegenheit die Bemerkung nicht überflüssig sein, dass ein bei den Myrmiciden mehr oder weniger deutlich auftretender Querwulst an der Unterseite des zweiten Stielchengliedes bei der Seitenansicht leicht für einen stumpfen Zahn gehalten werden kann). Der Hinterleib ist eiförmig. Die Beine sind ziemlich schlank, die Sporne der vier hinteren Beine sind sehr dünn, fast haarförmig, so dass sie mit Haaren verwechselt werden könnten.

1. **Monomorium pilipes** n. sp.
Fig. 93, 94.

Operaria: Long. corp. circa 2—2.3^{mm}. Sparse abstante pilosa, antennis pedibusque copiosius pilosis; microscopice rugulosa punctulis dispersissimis superficialibus; mandibulae striatae punctis dispersis; clypeus muticus; scapus capitis marginem posticum haud attingens, funiculi articuli 2.—8. crassiores quam longiores, articuli 9. et 10. tam longis quam latis; mesothoracis latera striolata.

In Coll. Menge 1 Stück, in Coll. Mayr 1 Stück, vielleicht gehört hieher auch das Stück Nr. 137 in der phys.-ökon. Gesellschaft.

Arbeiter. Rothgelb, der Kopf, Thorax und Hinterleib mit spärlichen, aufrechten, spitzigen, mässig langen Haaren, die Fühler und Beine mit einer reichlicheren, mässig langen abstehenden Behaarung. Die Skulptur ist am Kopf und am Thorax eine äusserst feine Runzelung, welche ich wol nur an wenigen Stellen sehen kann, und überdiess finden sich feine seichte Pünktchen sehr zerstreut vor. Die Oberkiefer sind an der Basis dichter und schärfer —, gegen den Kaurand weitläufiger und schwächer längsgestreift, überdiess findet sich eine ziemlich grobe zerstreute Punktirung. Der Clypeus ist ganz unbewehrt. Der Schaft erreicht nicht den Hinterrand des Kopfes; die Geissel ist nicht sehr gestreckt, da die Glieder vom zweiten bis zum achten dicker als lang sind und die zwei vorletzten Glieder beiläufig so lang als dick sind (während bei manchen recenten Arten alle Glieder der Geissel länger als dick sind). Die Seiten des Mesothorax sind längsgestreift.

Diese Art steht dem auf Ceylon und Manilla lebenden M. basale Smith zunächst und ist besonders durch die Skulptur verschieden.

6. Pheidologeton Mayr.

Femina: Mandibulae triangulares. Clypeus parum convexus, postice inter antennarum articulationes intersertus, margine postico arcuato. Laminae frontales, breves, divergentes. Antennae 11-articulatae, breves scapo brevi, funiculo clava apicali biarticulata. Area frontalis triangularis postice acuta. Sulcus frontalis distincte impressus. Metanotum dentibus 2 acutis. Petiolus inermis. Pedes graciles. Alae anticae cum cellula cubitali una, cellula radiali clausa; costae cubitalis ramus externus conjunctus costae transversae.

Weibchen. Der Kopf ist, ohne den Mandibeln, viereckig, etwa so lang als breit, mit gerundeten Seiten und Hinterecken, der Hinterrand ist ausgebuchtet. Die Oberkiefer sind gegen den Kaurand mässig verbreitert und haben bei der Bernsteinart einen gezähnten Kaurand. Der Clypeus ist schwach gewölbt mit an den Hinterrand der Mandibeln angelegten Vorderrande, hinten ist er zwischen die Fühlergelenke eingeschoben und ist daselbst gestutzigerundet. Die Stirnleisten sind fast gerade, ziemlich kurz, divergiren nach hinten und sind ziemlich von einander entfernt. Die 11 gliedrigen Fühler entspringen nicht nahe dem Mundrande, da die Seitentheile des Clypeus nicht stark verschmälert sind, sie sind auffallend klein und auch, im Verhältnisse zum ziemlich dicken Körper, dünn; der Schaft ist nur sehr wenig gegen das Ende verdickt und überragt kaum den Hinterrand des Netzauges; das erste Geisselglied ist verlängert, das 2. bis 5. sehr klein, die folgenden nehmen bis zum achten Geisselgliede allmählich etwas an Grösse zu, das vorletzte (9.) Glied ist aber bedeutend grösser und bildet mit dem spindelförmigen Endgliede eine zweigliedrige, nicht stark verdickte Keule. Das deutlich abgegrenzte, scharf dreieckige Stirnfeld ist hinten zugespitzt und geht in die scharfe Stirnrinne über, welche unmittelbar vor dem vorderen Punktauge endet. Die Netzaugen sind eirund und liegen ziemlich in der Mitte der Kopfseiten. Der Thorax ist vorne gerundet und unbewehrt, das Metanotum ist aber zweizähnig und hat eine sehr kurze Basalfläche; die abschüssige Fläche ist fast eben. Das erste Stielchenglied hat vorne keinen Stiel, es ist dick und hat oben einen queren Knoten, dessen vordere schiefe Fläche sich im schwachen Bogen bis zum Thorax-Stielchengelenke erstreckt, die hintere schiefe Fläche ist kürzer und von oben nach unten mehr concav; das zweite Stielchenglied ist quer-eirund und unbewehrt. Der Hinterleib ist gross. Die Beine sind im Verhältniss zum Körper klein und ziemlich zart. Die Vorderflügel haben eine Cubitalzelle, an deren Abgrenzung auch der äussere Cubitalast theilnimmt, ferner eine Discoidalzelle und eine ganz geschlossene Radialzelle; der äussere Ast der Costa cubitalis verbindet sich nach kurzem Verlaufe mit der vom Flügelmal kommenden Costa transversa. (Die recenten Weibchen weichen von dieser der Bernsteinart entnommenen Beschreibung mehr oder weniger ab).

1. **Pheidologeton antiquus** n. sp.
Fig. 95, 96.

Femina: Long. corg. 5.5—6 mm. Tote pilis abstantibus brevibus copiose obtecta; mandibulae disperse punctatae, margine masticatorio dentato; clypeus in medio laevis, lateraliter striatus; frons et genae dense striatae; vertex non sulcatus, laevigatus punctis dispersis piligeris; thorax sublaevis punctis dispersis piligeris, pronoto antice subtiliter transversim striato, metanoto lateraliter distincte dense longitrorsum striato; petiolus striatus; abdomen laeve.

In der phys.-ökon. Ges. 1 Stück (Nr. 447), in Coll. Menge 2 Stücke.

Weibchen. Obschon diese Art durch mehrere Merkmale von den recenten Arten abweicht, so muss ich sie doch zu dieser Gattung stellen, da sie in den wichtigsten Charakteren mit denselben übereinstimmt. Die zerstreut punktirten Oberkiefer haben den ganzen Kaurand gezähnt, wärend die bis jetzt bekannten recenten Weibchen dieser Gattung den Kaurand schneidig und nur vorne zwei Zähne haben, doch sei erwähnt, dass auch bei diesen der schneidige Theil des Kaurandes grössere oder kleinere Einkerbungen zeigt, wodurch der Uebergang zu dem ganz gezähnten Kaurande einigermassen gegeben ist. Die vordere Hälfte des Kopfes ist bis zu den Ocellen dicht längsgestreift, nur die Mitte des Clypeus und das Stirnfeld sind glatt, die hintere Kopfhälfte ist geglättet, hat zerstreute, haartragende, vertiefte Punkte und nur einige Streifen der Stirn setzen sich, gegen die Hinterecken des Kopfes ziehend, am Scheitel fort. Am Scheitel findet sich keine Mittellängsfurche, wärend bei den recenten Arten eine Scheitelfurche vorhanden und der Scheitel stark quergerunzelt ist. Die Punktaugen sind von einander ziemlich entfernt, bei den recenten Arten hingegen sind sie einander sehr genähert. Der Thorax ist geglättet mit zerstreuten Punkten; das Pronotum ist vorne quer gerunzelt und wenigstens zeigen die Seiten des Metanotum eine dichte Längsstreifung; das Metanotum hat zwei kurze Zähne. Die Knoten des Stielchens sind gestreift, der zweite Knoten ist oben und an den Seiten gerundet. Der Hinterleib ist glatt und stark glänzend. Die Flügel sind bräunlich getrübt mit braunen Rippen und Randmal. Die Behaarung des ganzen Körpers ist abstehend, kurz und ziemlich reichlich, an den Beinen ist sie mehr anliegend.

7. **Lampromyrmex** n. g.

Operaria: Mandibulae margine masticatorio dentato. Clypeus bicarinulatus parte postica inter antennarum articulationes interserta angusta. Laminae frontales brevissimae. Antennae 11-articulatae clava magna apicali triarticulata ceteris articulis ad unum longiore. Sulcus frontalis et ocelli nulli. Oculi ante capitis laterum medietatem. Metanotum denticulis duobus. Sutura pro-mesonotalis complete obliterata, sutura meso-metanotalis distinctissima, impressa, carinulis brevibus longitudinalibus. Petioli segmentum primum antice vix petiolatum, supra nodo subsquamiformi, transverso-rotundato, segmentum secundum subglobosum, infra absque dente. Pedes graciles; tibiarum posteriorum calcaria absunt.

Arbeiter. Der Kopf ist, ohne den Mandibeln, länglich-viereckig, mit schwach bogigen Seiten und bogig ausgerandetem Hinterrande. Die Oberkiefer sind mässig breit, mit gezähntem Kaurande. Der Clypeus ist von einer Seite zur anderen, sowie, obwol weniger, von vorne nach hinten gewölbt, mit seinem bogigen Vorderrande schliesst er sich an den Hinterrand der Mandibeln an, seine Mitte ist von zwei feinen Längskielchen durchzogen, hinten ist er verschmälert und daselbst zwischen die Fühlergelenke eingeschoben. Die sehr kurzen, schmalen Stirnleisten divergiren nach hinten. Die 11 gliedrigen Fühler entspringen nicht sehr nahe dem Vorderrande des Kopfes, da die Seitentheile des Clypeus nicht sehr schmal sind. Der schlanke Schaft erreicht nicht ganz den Hinterrand des Kopfes, die am Grunde dünne Geissel hat eine dicke dreigliedrige Endkeule, welche länger ist als die übrigen 7 Geisselglieder zusammen, das erste Geisselglied ist verlängert, das 2.—7. Glied sehr klein (nur das 7. schon deutlich grösser) und dicker als lang, das grosse 8. Glied ist etwa so lang als dick, das 9. cher etwas dicker als lang und grösser als das 8. Glied, das spindelförmige Endglied ist das grösste und es ist länger als die zwei vorletzten zusammen. Das Stirnfeld und die Stirnrinne scheinen zu fehlen, da ich an den mir vorliegenden Exemplaren die betreffenden Stellen deutlich sehen kann und keine Spur eines Eindruckes oder einer Linie sehe. Die eirunden Netzaugen liegen vor der Mitte der Kopfseiten. Ocellen sind nicht vorhanden. Der Thorax ist schmäler als der Kopf, vorne ist er abgerundet, unbewehrt und breiter als hinten. Das Pronotum und Mesonotum sind oben so mitsammen verwachsen, dass keine Spur einer Naht oder eines Eindruckes sichtbar ist, hingegen ist das Mesonotum vom Metanotum durch eine eingedrückte Naht, wodurch der Thorax hinter der Mitte mässig eingeschnürt wird, getrennt, diese Naht hat viele kurze Längskielchen. Das Metanotum hat am Hinterende des Basaltheiles zwei kleine, ziemlich stumpfe Zähne, die Basalfläche ist fast quadratisch, aber doch etwas länger als breit. Das erste Stielchenglied hat oben einen queren, fast schuppenförmigen, gerundeten Knoten, dessen vordere schiefe Fläche ziemlich steil zum Thorax-Stielchengelenke abfällt, so dass dadurch das erste Stielchenglied kaum, oder eigentlich nicht, gestielt ist. Das zweite Stielchenglied ist ziemlich kugelig, oben mehr erhöht als unten und ganz unbewehrt. Der Hinterleib ist eiförmig. Die Beine sind schlank; die Sporne der vier hinteren Tibien scheinen zu fehlen, wenigstens bin ich nicht im Stande an den gut sichtbaren Schienenenden solche zu sehen.

Die Myrmiciden-Gattungen, deren Arbeiter eilfgliedrige Fühler haben, sind: Atta, Pheidolacanthinus, Pheidologeton, Cremastogaster, Phacota, Stenamma, Tomognathus, Pristomyrmex, Podomyrma, Cryptocerus, Cataulacus, Daceton, so wie auch Leptothorax hier anzuführen ist, da die Arbeiter mancher Arten auch 11 gliedrige Fühler haben. Die Gattung Atta Fabr. (Oecodoma Ltr.) ist durch den die Fühlergrube aussen begrenzenden Kiel, durch den herzförmigen Kopf, die vielen Dornen des Thorax u. s. w. von Lampromyrmex weit verschieden. Pheidolacanthinus hat, wie ich in einer späteren Arbeit nachweisen werde, höchst wahrscheinlich nicht 11 gliedrige, sondern 12 gliedrige Fühler und ist trotz der langen Dornen am Pronotum zu Pheidole zu stellen. Pheidologeton unterscheidet sich durch die zweigliedrige Endkeule der Geissel, durch den flachen, hinten nicht schmalen und nicht gekielten Clypeus, so wie durch ein scharf ausgeprägtes Stirnfeld. Cremastogaster ist von allen Myrmiciden durch die eigenthümliche Einlenkung des Stielchens an die Oberseite des birnförmigen Hinterleibes ausgezeichnet. Phacota hat nach Roger einen kreisrunden Kopf, eine zweigliedrige Fühlerkeule, keine Spur einer Naht am Rücken des Thorax und das Metanotum ist vollkommen unbewehrt. Stenamma steht der neuen Gattung sehr nahe, unterscheidet sich aber durch den breiten, zwischen die Fühler eingeschobenen Theil des Clypeus, der keine Kielchen hat, durch die ziemlich entfernten Stirnleisten und durch den Zahn an der Unterseite des zweiten Stielchengliedes. Tomognathus weicht besonders durch den grossen Kopf, den nicht gezähnten Kaurand der Mandibeln, durch die viergliedrige Fühlerkeule, die langen Stirnleisten und durch das unten mit einem Zahne versehene zweite Stielchenglied ab. Pristomyrmex hat einen Clypeus, welcher die Oberkiefer vordachartig überwölbt, einen Thorax, der vorne jederseits fast rechtwinklig ist und oben keine Spur einer Naht hat, so wie ein 2. Stielchenglied mit einem Zähnchen unten und Sporne an allen Tibien. Podomyrma weicht von der neuen Gattung durch den hinten nicht verschmälerten Clypeus, durch das Stirnfeld, das zweizähnige Pronotum und durch noch andere Charaktere ab. Die Gattungen Cryptocerus, Cataulacus und Daceton sind durch die sehr weit von einander entfernten Stirnleisten hinreichend von Lampromyrmex verschieden. Jene Leptothorax-Arten, deren Arbeiter 11 gliedrige Fühler haben, unterscheiden sich von der neuen Gattung durch den hinten nicht verschmälerten Clypeus, die weiter von einander entfernten Stirnleisten, durch das deutliche Stirnfeld, die in der Mitte der Kopfseiten stehenden Augen und durch die schwach keulenförmigen stumpfen Haare des Thorax.

1. **Lampromyrmex gracillimus** n. sp.
Fig. 97, 98.

Operaria: Long. corp. 1.8ᵐᵐ. Nitidissima, laevis, sparse abstante pilosa, pedibus pilis paulo brevioribus et minus abstantibus; mandibulae disperse punctatae; clypeus valde superficialiter longitrorsum striolatus; genae antice et partim thoracis latera striolata.

In der phys.-ökon. Ges. 1 Stück (Nr. 84), (wahrscheinlich gehört hieher noch ein sehr schlecht erhaltenes, zersetztes, schwarzbraunes Exemplar Nr. 110), in Coll. Berendt 1 Stück, in Coll. Menge 1 Stück, in Coll. Mayr 1 Stück.

Arbeiter. Die Stücke in der Berendt'schen und Menge'schen Sammlung sind rothgelb oder gelbroth und haben jedenfalls die ursprüngliche Farbe, während die 2 anderen citirten Stücke wahrscheinlich auch so gefärbt waren, aber jetzt mehr oder weniger kastanienbraun sind und nur hellere Beine haben. Der ganze Körper ist stark glänzend und erscheint glatt, nur der vordere Theil der Wangen, sowie die mittlere und hintere Parthie der Thoraxseiten sind längsgestreift, der Clypeus zeigt eine sehr seichte feine Längsstreifung und die Oberkiefer sind sehr zerstreut punktirt. Die Stielchensegmente an den Gelenken und die Seiten des zweiten Knotens scheinen nicht glatt zu sein. Die Behaarung besteht in feinen, mässig langen, aufrechten oder am Hinterleibe schief gestellten spitzigen Haaren, die spärlich vertheilt sind, die Beine haben etwas kürzere und mehr anliegende Haare, die Fühler sind ziemlich reichlich mit abstehenden Haaren besetzt.

6. **Stigmomyrmex** n. g. *).

Operaria: Mandibulae modice dilatatae, margine masticatorio dentato. Clypeus modice transversim convexus postice inter antennarum articulationes intersertus. Laminae frontales breves et distantes. Antennae 10-articulatae clava apicali magna triarticulata. Oculi ante capitis laterum medietatem. Ocelli nulli. Pronotum utrimque angulatum; sutura promesonotalis complete obliterata, sutura meso-metanotalis fortiter impressa; metanotum dentibus 2 acutis carina transversa arcuata conjunctis. Petioli brevis segmentum anticum haud petiolatum, supra cum nodo, segmentum posticum subglobosum. Abdomen elongato-ovatum.

*) Die Diagnose und Beschreibung dieser Gattung beziehen sich nur auf die erste Art, welche ich als Typus für diese Gattung betrachte.

Arbeiter. Der Kopf ist, ohne den Mandibeln, länglich-viereckig mit bogigen Seiten, gerundeten Hinterecken und mässig bogig ausgebuchtetem Hinterrande. Die mässig breiten Oberkiefer haben einen gezähnten Kaurand. Der Clypeus ist bei den zwei mir vorliegenden Exemplaren (des St. venustus) in der vorderen Parthie nicht deutlich sichtbar, doch genau sehe ich, dass 'er mehr von einer Seite zur anderen als von vorne nach hinten gewölbt ist; dass er mit seinem hinteren Theile stark zwischen die Fühlergelenke eingeschoben ist und den Hinterrand desselben fast halbkreisförmig gebogen hat. Die Stirnleisten entspringen an den Seitenrändern des mittleren Theils des Clypeus, sie sind schmal, fast nur kielartig, nach hinten divergirend, durch den breiten eingeschobenen Theil des Clypeus ziemlich weit von einander entfernt und endigen in der Höhe der Augen. Die 10gliedrigen Fühler sind dünn und ziemlich kurz, deren Schaft überragt die Augen, erreicht aber lange nicht den Hinterrand des Kopfes, er ist an der Basis bogig gekrümmt und verdickt sich mässig gegen die Spitze; das erste Glied der Geissel ist verlängert, am Grunde dünn, am Ende dicker, etwa 1½ so lang als am Ende dick, die vier nächsten Glieder sind klein und kürzer als dick, das 6. Glied ist etwas grösser, die zwei vorletzten Glieder sind gross und dick, das Endglied ist das grösste und spindelförmig, die 3 letzten Glieder bilden eine ansehnliche Keule, welche länger ist, als die übrigen Geisselglieder zusammen. Das dreieckige Stirnfeld ist nicht scharf ausgeprägt und hinten nicht zugespitzt. Die Stirnrinne fehlt vollkommen. Die nicht grossen rundlichen Augen liegen an den Seiten des Kopfes den Mandibelgelenken näher als den Hinterecken des Kopfes. Ocellen sind nicht vorhanden. Der Thorax ist schmäler als der Kopf, vorne ist er am breitesten und verschmälert sich allmählich nach hinten. Das Pronotum hat jederseits eine zahnförmige Ecke (welche stärker ist als bei Tetramorium) und seine Scheibe ist von dem vordersten, tiefer liegenden, halsförmigen Theile durch eine stumpfe bogige Kante abgetrennt; das Pronotum ist oben mit dem Mesonotum ohne Spur einer Naht verwachsen; die Meso-Metanotalnaht ist sehr deutlich und stark vertieft, so dass der Thorax daselbst ziemlich stark und scharf eingeschnürt ist. Das Metanotum hat hinten zwei mässig spitzige, nach hinten und etwas nach aussen gerichtete Zähne, welche mittelst einer ziemlich bogigen, scharfen Kante in Verbindung gesetzt sind, und welche Kante die horizontale quadratische Basalfläche des Metanotum von der senkrechten abschüssigen Fläche trennt. Das Stielchen ist nicht lang, das vordere Segment desselben ist, von oben gesehen, länglich rechteckig, ziemlich dick, vorne nicht stielartig verlängert und trägt oben einen Knoten mit querer Kante; das hintere Segment ist fast kugelförmig und hat unten keinen Zahn. Der Hinterleib ist länglich-eiförmig, dessen erstes Segment bedeckt zwei Drittheile des Hinterleibes. Die Beine sind nur mässig lang, die Schenkel sind in der Mitte mässig verdickt.

Diese Gattung ist mit Typhlatta, Liomyrmex, Solenopsis und Ooceraea zu vergleichen, deren Arbeiter ebenfalls 10gliedrige Fühler haben; von Carebara, welche auch 10gliedrige Fühler hat, sind nur Weibchen bekannt, welche von Stigmomyrmex weit abweichen. Die Gattung Typhlatta gehört zu jener Gruppe der Myrmiciden, deren Fühlergrube aussen durch einen Kiel begrenzt ist, welche Gruppe unter den Bernsteinameisen gar nicht vertreten ist. Liomyrmex ist augenlos, hat breite Stirnleisten, einen unbewehrten Thorax u. s. w. Solenopsis weicht von der neuen Gattung durch den ganz anders geformten Clypeus, durch die gestreckten Fühler mit zweigliedriger Endkeule, durch den unbewehrten Thorax und das anders geformte Stielchen ab. Die Gattung Ooceraea kenne ich wol nicht aus eigener Anschauung, doch muss sie sich (bei Vergleichung der Beschreibung und Abbildung) von Stigmomyrmex durch die Körperform im Allgemeinen, durch den eigenthümlich gebildeten

Clypeus, durch die stark genäherten Stirnleisten, die ganz anders geformte Geissel, die winzigen Augen, durch den Mangel der Nähte an der Oberseite des ganz unbewehrten Thorax und durch das anders geformte Stielchen unterscheiden. Daraus ergibt sich, dass die neue Gattung mit keinem der bereits bekannten Genera eine besonders nahe Verwandtschaft zeigt, obschon sie in der allgemeinen Körperform durchaus nicht von dem gewöhnlichen Aussehen der Myrmiciden abweicht.

1. **Stigmomyrmex venustus** n. sp.
Fig. 99, 100.

Operaria: Long. corp. 2.5 — 2.6 mm. Nitida; caput et thorax punctis ocellatis piligeris dispersis, petiolus rugulosus, abdomen laeve.

In der phys.-ökon. Ges. 1 Stück (No. 5), in Coll. Menge 1 Stück.

Arbeiter. Der ziemlich schlanke Körper ist braun gefärbt. Die Behaarung ist abstehend, mässig lang und ziemlich fein; eine anliegende Pubescenz fehlt jedenfalls am Kopfe, Thorax, Stielchen und Hinterleibe. Die Skulptur des Kopfes und des Thorax ist eine eigenthümliche, es finden sich nemlich grosse eingesenkte Punkte, aus deren Mitte je ein abstehendes Haar entspringt, ziemlich zerstreut, an manchen Stellen, besonders an den Seiten der Stirn, am Scheitel und in der Mitte des Mesonotum, sind sie weiter von einander entfernt; die glänzenden Zwischenräume zwischen den Punkten in der Mitte der Stirn und am Scheitel zeigen deutlich eine sehr feine lederartige Runzelung, am Thorax finden sich zwischen den Punkten erhöhte Längsrunzeln zerstreut. Der Clypeus scheint keine solchen Punkte zu haben. Die Meso-Metanotalnaht ist durch mehrere kurze Längskielchen unterbrochen. Das Stielchen ist gerunzelt und hat auch einige Punkte. Der Hinterleib hat, obschon er ebenso wie Kopf und Thorax behaart ist, keine solchen Punkte, sondern erscheint bei mässiger Vergrösserung glatt, bei stärkerer Vergrösserung sehr fein lederartig gerunzelt; an der Hinterleibsbasis finden sich unmittelbar hinter dem Stielchengelenke sehr kurze Längskielchen, welche besonders schön bei dem Stücke der Coll. Menge zu sehen sind.

Als Anhang zu dieser Gattung möge noch ein sehr interessantes Stück in der Berendtschen Sammlung erwähnt werden, welches vielleicht zu dieser Gattung gehört, weil es so ziemlich mit den Merkmalen derselben übereinstimmt, doch lässt sich wegen dem Mangel der beiden Fühlergeisseln keine Sicherheit erlangen.

? **Stigmomyrmex robustus** n. sp.
Fig. 101.

Operaria: Long. corp. circa 4 mm. Sparse haud longe erecte pilosa, pedibus pilis haud aut parum abstantibus; densissime foveolata, abdomine pedibusque laevigatis punctulis dispersis; mandibulae striatae; metanotum spinis 2 robustis fortiter divergentibus.

Wenn auch an dem mir vorliegenden Stücke die Geissel fehlt und daher die Gattung nicht sichergestellt werden kann, so ist die Art doch an der eigenthümlichen Skulptur von allen Myrmiciden leicht zu unterscheiden. Es sind nemlich der Kopf, der Thorax und das Stielchen dicht und sehr grob fingerhutartig punktirt, so dass, genau wie bei einem Fingerhute, die schmalen erhobenen Zwischenräume als netzartige Leisten zwischen den grossen halbkugelig ausgehöhlten Punkten oder Grübchen verlaufen. Der Körper ist sehr gedrungen, besonders Kopf und Thorax dick, die Beine sind ziemlich kurz, aber nicht dick. Die dreieckigen, mässig breiten Mandibeln sind längsgestreift und besonders nahe dem gezähnten Kaurande, wo sich die Streifen verlieren, zerstreut punktirt. Der Clypeus ist in der Mitte gewölbt, hinten breit zwischen die Fühlergelenke eingeschoben, mit bogigem Hinterrande, der Vorderrand ist ebenfalls bogig und legt sich an den Hinterrand der Oberkiefer an. Die Stirnleisten sind sehr kurz und undeutlich. Der Fühlerschaft ist glänzend, fast anliegend aber nicht reichlich behaart, zerstreut punktirt, schlank und reicht nicht bis zum Hinterrande des Kopfes. Ein kleines dreieckiges Stirnfeld ist abgegrenzt und stark vertieft, die Stirnrinne ist nicht lang, aber ziemlich deutlich. Der Hinterrand des Kopfes ist ziemlich tief — obschon nicht breit — bogig ausgeschnitten. Der Thorax ist vorne breiter als hinten, aber schmäler als der Kopf. Die Pro-Mesonotalnaht fehlt oben vollkommen, auch ist keine eigentliche Meso-Metanotalnaht zu sehen, sondern der Thorax ist unmittelbar vor der Basis der Metanotumdornen quer eingedrückt. Die Dornen des Metanotum sind stark, ziemlich stumpf, stark divergirend, schief nach hinten und oben gerichtet und so lang als der Thorax unmittelbar vor der Basis der Dornen breit ist; die abschüssige Fläche kann ich nicht sehen. Das erste Stielchenglied ist kurz- und dickcylindrisch, etwas breiter als lang und vorne ohne stielförmiger Verlängerung; das zweite Glied ist unbedeutend breiter als das erste und mehr gerundet, es ist ebenfalls breiter als lang und scheint unten keinen Zahn zu haben. Der gerundet-eiförmige Hinterleib ist geglättet, mit sehr zerstreuten seichten Pünktchen; an der Basis, unmittelbar hinter dem Stielchengelenke finden sich sehr kurze Längskielchen. Die Beine sind geglättet mit zerstreuten Pünktchen, aus welchen, wie beim Hinterleibe, die Haare entspringen.

9. Enneamerus n. g.

Operaria: Mandibulae margine masticatorio dentato. Clypeus postice inter antennarum articulationes intersertus, margine antico acuto. Antennae 9-articulatae scapo ad basim angulato, funiculo clava apicali triarticulata. Area frontalis triangularis distincta. Oculi pone capitis laterum medietatem. Ocelli nulli. Thorax pone medium constrictus. Metanotum spinis 2 longis. Petiolus segmento antico supra cum nodo transverso rotundato, antice brevissime petiolato, segmento postico nodiformi. Abdomen ovatum. Femora et tibiae modice incrassata, pedes medii et postici absque calcaribus.

Arbeiter. Der Kopf ist mit den Mandibeln ziemlich rundlich, ohne diesen kurz viereckig mit abgerundeten Ecken, bogigen Seiten und nicht stark bogig ausgerandetem Hinterrande. Die Oberkiefer sind, wenn man sie in geschlossener Lage betrachtet, gestreckt dreieckig, am Kaurande nicht breit, vorgestreckt zeigen sie sich aber am Kaurande nicht viel breiter als an der Basis (weil so die Breite des Mandibelgelenkskopfes sichtbar wird), der Kaurand ist grob gezähnt. Der Clypeus ist mässig gewölbt, vorne etwas aufgehoben, so dass dessen Vorderrand nicht an den Hinterrand der Mandibeln stösst, sondern etwas vordachartig über demselben liegt, aber doch die Ansicht des grössten Theils der Oberkiefer von oben zulässt; hinten ist er zwischen die Fühlergelenke stark eingeschoben und hat einen fast halbkreisförmigen Hinterrand; die Seitentheile des Clypeus sind unmittelbar vor den Fühlergelenken sehr schmal. Die Fühlergrube fällt mit der Schildgrube zusammen, oder, wie man auch ebenso gut sagen könnte, die Schildgrube fehlt und die Fühlergrube nimmt deren Stelle ein. Die schmalen Stirnleisten sind ziemlich von einander entfernt, sie divergiren nach hinten und bilden als allmählich schwächer werdende Kante den Innenrand der als sehr seichte Längsfurche nach hinten fortgesetzten Fühlergrube, welche Längsfurche zur

Aufnahme des Fühlerschaftes dient und bis hinter die Netzaugen reicht. Die Fühler sind dadurch ausgezeichnet, dass sie 9 gliedrig sind; der Schaft überragt die Augen, erreicht aber nicht ganz den Hinterrand des Kopfes, er ist am Grunde, nahe seinem Gelenkskopfe (wie bei Myrmica rugulosa Nyl.) stark winkelig gebogen; die Geissel hat ihr erstes Glied etwas verlängert (ihre Länge verhält sich zur Dicke wie $1^1/_2 : 1$), die vier folgenden Glieder sind klein, kürzer als dick, und zwar ist das zweite Glied das kleinste, das fünfte das grösste von diesen, indem jedes folgende Glied etwas an Grösse zunimmt, die zwei nächsten Glieder (6. und 7.) sind stark vergrössert und besonders verdickt, das Endglied ist spindelförmig, das grösste von allen und bildet mit den zwei vorhergehenden eine deutlich abgesonderte starke Keule. Das Stirnfeld ist nicht gross, dreieckig, deutlich abgegrenzt, mit scharfer hinterer Spitze. Das Stirnfeld ist nicht ausgeprägt. Die Ocellen fehlen. Die Netzaugen sind rundlich, nicht gross, näher den Hinterecken des Kopfes als den Mandibelgelenken, nahe dem hinteren Ende der Fühlerfurche. Der Thorax ist sehr kurz, vorne ziemlich breit, doch schmäler als der Kopf, hinten fast nur halb so breit als vorne. Das Pronotum ist oben unbewehrt, unten zunächst den Vorderhüften scheint es ebenfalls unbewehrt zu sein; das Mesonotum ist unbewehrt; das Metanotum trägt zwei schief nach hinten, etwas nach aussen und oben gerichtete, ziemlich lange, gerade Dornen, welche etwas länger sein dürften als der Basaltheil des Metanotum lang ist, die Naht zwischen dem Pronotum und Mesonotum ist sehr undeutlich, jene zwischen dem Mesonotum und Metanotum ist aber sehr deutlich und eingedrückt, so dass also der Thorax hinter der Mitte mässig eingeschnürt ist. Das Stielchen ist ziemlich kurz, das vordere Segment desselben ist vorne sehr kurz cylindrisch und mässig verdickt, oben in der Mitte und hinten trägt es einen queren gerundeten Knoten; das hintere Segment des Stielchens ist knotenförmig und gerundet. Der Hinterleib ist eirund. Die Beine sind mässig lang; die Schenkel und Schienen sind in der Mitte mässig verdickt, die Tarsen sind dünn und die Sporne der Mittel- und Hinterbeine fehlen.

Diese Gattung ist durch die 9 gliedrigen Fühler sehr ausgezeichnet, da bisher nur die Gattungen Oligomyrmex und Meranoplus bekannt sind, deren Arbeiter (bei Oligomyrmex das Weibchen) 9 gliedrige Fühler haben. Von Meranoplus unterscheidet sich die neue Gattung durch die nur sehr seichte furchenartige Verlängerung der Fühlergrube, durch die viel weniger von einander entfernten Stirnleisten und durch den ganz verschiedenen Bau des Thorax. Von Oligomyrmex unterscheidet sie sich besonders durch die dreigliedrige Fühlerkeule und durch die Metanotumdornen. Mit Myrmicaria hingegen hat diese neue Gattung grosse Verwandtschaft sowol in der allgemeinen Körperform als auch ziemlich in den einzelnen Theilen, sie unterscheidet sich aber von derselben wesentlich durch die 9 gliedrigen Fühler, wärend die Arbeiter von Myrmicaria nur 7 Fühlerglieder haben; die neue Gattung hat das 2. bis 5. Geisselglied sehr kurz und die 3 letzten Glieder als Keule abgesondert, wärend bei Myrmicaria alle Glieder gestreckt sind und eine Keule nicht deutlich abgegrenzt ist. Ferner ist bei Enneamerus das Mesonotum unbewehrt, bei Myrmicaria zweizähnig, bei der neuen Gattung hat das erste Stielchenglied vorne nur einen sehr kurzen und dicken Stiel, bei Myrmicaria hingegen ist der Stiel lang und dünn. Den von den Mandibeln abstehenden und den Hinterrand der Oberkiefer etwas überdachenden Clypeus hat die neue Gattung mit Myrmicaria longipes Sm. gemein, obschon bei dieser der Vorderrand des Clypeus ausgerandet ist, was bei Enneamerus nicht der Fall ist. Das Pronotum ist bei der neuen Gattung ganz unbewehrt, wärend bei Myrmicaria am Pronotum jederseits zunächst den Vorderhüften ein Zahn vorhanden ist.

1. Enneamerus reticulatus n. sp.
Fig. 102, 103.

Operaria: Long. corp. circiter 2.8 mm. Abstante pilosa; mandibulae longitudinaliter striatae, caput et thorax rude reticulata, abdomen laeve et nitidum.

In Coll. Berendt 1 Stück, in Coll. Menge ein Bernsteinstück mit zwei Exemplaren. Der Kopf, Thorax, Hinterleib und das Stielchen sind braun, die Fühler und Beine kastanienbraun, letztere heller. Der Kopf und der Thorax sind mässig mit ziemlich langen abstehenden Haaren besetzt, am Hinterleibe sehe ich keine langen Haare, aber zerstreut liegende kurze anliegende Häärchen, die Fühler sind reichlich abstehend behaart, die Beine haben kürzere und weniger abstehende Haare. Der Kopf und der Thorax sind grob genetzt und zwar in der Weise, dass das Netz vortritt und die 4—6 eckigen flachen und ziemlich glatten Zellen oder Maschen mehr vertieft liegen. Die Oberkiefer sind ziemlich grob längsgestreift. Die Skulptur des Stielchens kann ich nicht deutlich sehen, doch scheint es ziemlich fein gerunzelt zu sein. Der Hinterleib und die Beine erscheinen glatt und glänzend.

10. Sima Roger.

Operaria: Mandibulae margine masticatorio dentato. Clypeus brevissimus non intersertus inter antennarum articulationes. Laminae frontales valde approximatae. Antennae 12-articulatae funiculo haud clavato. Oculi ovati vix tertiam marginis capitis lateralis marginem occupantes. Metanotum inerme. Abdomen elongato-ovale. Calcaria omnia pectinata et unguiculi tarsorum bidentati.

Arbeiter. Der Kopf ist, ohne den Mandibeln, viereckig, etwas länger als breit. Die Oberkiefer sind dreieckig, oder länglich mit fast parallelen Vorder- und Hinterrande und schief abgeschnittenem gezähnten Kaurande. Der Clypeus ist stets sehr kurz aber doch so breit als der Vorderrand des Kopfes, hinten ist er *nicht* zwischen die Fühlergelenke eingeschoben, wodurch sich diese Gattung leicht von allen andern im Bernstein vertretenen Gattungen der Myrmiciden unterscheidet; der Vorderrand des Clypeus ist bei den Bernsteinarten in der Mitte bogig ausgerandet und daselbst von den Mandibeln entfernt. Die Stirnleisten sind einander sehr nahe gerückt, parallel und nicht lang. Die 12 gliedrigen Fühler sind kurz, ihr Schaft reicht nicht bis zum Hinterrande des Kopfes, die Geissel ist am Ende wol unbedeutend dicker als am Grunde, aber durchaus ohne Keule. Die Netzaugen sind im Vergleiche mit den meisten Myrmiciden wol gross zu nennen, jedoch in Bezug auf die nächstverwandte Gattung Pseudomyrma, wo die Augen mehr als die Hälfte der Kopfseiten einnehmen, sind sie klein, da sie kaum den dritten Theil der Kopfseiten einnehmen. Die Ocellen fehlen oder es sind drei Ocellen im kleinen Dreiecke am Scheitel gestellt vorhanden. Der Thorax ist gestreckt; das Pronotum hat jederseits eine scharfe oder stumpfe Längskante, die Nähte des Thorax sind sehr deutlich und an der Meso-Metanotalnaht ist der Thorax mehr oder weniger eingeschnürt. Das Metanotum hat keine Dornen oder Beulen; bei den drei Bernsteinarten ist der Basaltheil horizontal und geht bogig in den senkrechten oder fast senkrechten abschüssigen Theil über. Das erste Stielchenglied hat oben einen dicken Knoten und ist vorne kürzer oder länger gestielt; das zweite Glied ist fast glockenförmig, vorne verschmälert, nach hinten verbreitert. Der Hinterleib ist gestreckt eiförmig oder fast spindelförmig. Die nicht langen Beine haben gekämmte Sporne und zweispitzige Krallen.

Diese Gattung wurde von Dr. Roger von dem alten Genus Pseudomyrma Lund insbesondere wegen den kleineren Augen abgetrennt, obschon mir diese Trennung nicht gerechtfertigt erscheint, wenn sich keine anderen Merkmale finden. Die Arten, welche Dr. Roger zu Sima gestellt hat, sind asiatischen Ursprungs und ich habe noch eine afrikanische Art hinzugestellt, wärend die amerikanischen Arten, die Roger und ich untersuchen konnten, zu Pseudomyrma im Roger'schen Sinne gehören. Es ist nun die Frage aufzuwerfen, ob nicht andere Merkmale, welche von grösserer Wichtigkeit und Schärfe sind, in Betracht gezogen werden könnten, oder ob die Gattung Sima ganz einzuziehen wäre. Dr. Roger hat nun zu Sima Arten gestellt, welche einen Clypeus haben, der wie bei Pseudomyrma geformt ist, wärend seine Sima compressa einen abweichend gebildeten Clypeus hat. Wenn ich nun nur die recenten Arten in Betracht ziehe, so haben die ersteren Arten (die den Clypeus wie bei Pseudomyrma geformt haben) Ocellen, wärend Sima compressa keine Ocellen hat, so dass dadurch nur diese Art als Repräsentant einer zweiten Gattung gelten könnte, wärend die übrigen mit Pseudomyrma zu vereinigen wären. Diese scheinbar richtige Abgrenzung der beiden Gattungen hat sich aber durch die Bernsteinameisen auch als unrichtig erwiesen, da die nachfolgend beschriebenen Arten Sima angustata und simplex einen wie bei Pseudomyrma gebildeten Clypeus, aber keine Ocellen haben. Es bleibt daher diese Frage noch offen, bis ein grösseres Material bessere Aufschlüsse gibt und ich halte es für angezeigt, wenn ich indessen die Roger'sche Abgrenzung beibehalte.

Die drei Bernstein-Arten, wovon mir nur Arbeiter bekannt sind, unterscheiden sich übersichtlich auf folgende Art:
1. Die Ocellen vorhanden; Körperlänge 7.2—9.4 ^{mm} . . . . *S. ocellata*.
2. Die Ocellen fehlen; Körperlänge 4—5.3 ^{mm}.
   a) Die Oberkiefer sind am Kaurande etwas breiter als an der Basis; das erste Geisselglied ist kürzer als die zwei nächstfolgenden zusammen; Kopf und Pronotum sind ziemlich dicht, das Metanotum sehr dicht punktirt . . . . *S. simplex*.
   b) Die Oberkiefer sind am Kaurande etwas schmäler als an der Basis, das erste Geisselglied ist länger als die zwei nächstfolgenden zusammen; Kopf und Thorax ziemlich weitläufig punktirt . . . . *S. angustata*.

1. **Sima ocellata** n. sp.
Fig. 104, 105.

Operaria: Long. corp. 7.2—9.4 ^{mm}. Copiose et subtilissime adpresse pubescens et sparsissime pilosa; caput et thorax densissime subtiliter punctata, petiolus, abdomen et pedes punctis copiosis microscopicis; mandibulae rude et disperse punctatae, triangulares; funiculi articulus basalis articulis secundo et tertio ad unum brevior; ocelli 3 distincti.

In der phys.-ökon. Gesellsch. 1 Stück (Nr. 204), in Coll. Berendt 2 Stücke, in Coll. Menge 2 Stücke.

Arbeiter. Braun mit mehr oder weniger gelbbraunen Tarsen; Kopf und Thorax reichlich, Stielchen und Hinterleib dicht mit sehr feinen, seidenartigen, anliegenden kurzen Häärchen besetzt; Kopf und Thorax haben nur einzelne lange aufrechte Haare, nur die Hinterleibsspitze ist bei manchen Stücken nicht spärlich abstehend lang behaart. Kopf und Thorax sind sehr dicht und fein fingerhutartig punktirt, am Stielchen, Hinterleibe und an den Beinen ist die dichte, äusserst feine, eingestochene Punktirung wegen der reichlichen Pubescenz schwer zu sehen. Die Mandibeln haben grobe, ziemlich zerstreute, haartragende Punkte, am Kaurande sind sie breiter als am Grunde. Das erste Geisselglied ist deutlich länger als das zweite, aber kürzer als die zwei nächsten Glieder zusammen. Die drei Ocellen sind vorhanden und unterscheiden diese Art von den zwei folgenden. Das erste Stielchenglied ist fast birnförmig, vorne nemlich in einen kurzen Stiel verlängert und hinten breit.

2. Sima simplex n. sp.

Operaria: Long. corp. 4—5.3 mm. Vix pilosa, dense et microscopice pubescens; caput et thorax dense — metanotum densissime — punctata; petiolus, abdomen et pedes punctis copiosis microscopicis; mandibulae disperse punctatae triangulares; funiculi articulus basalis articulis secundo et tertio ad unum brevior; ocelli nulli.

In der phys.-ökon. Ges. 1 Stück (Nr. 545), in Coll. Mayr 1 Stück, in Coll. Menge 2 Stücke.

Arbeiter. Schwarzbraun, mit mehr oder weniger helleren Beinen und Fühlern. Die anliegende Pubescenz ist wie bei der vorigen Art, die abstehende Behaarung fehlt fast. Der Kopf und der Thorax sind ziemlich dicht und fein (kaum fingerhutartig) punktirt, das Metanotum ist aber sehr dicht und viel deutlicher fingerhutartig punktirt; die Punktirung der übrigen Theile ist wie bei der vorigen Art. Die Oberkiefer sind etwas feiner, als bei S. ocellata, zerstreut punktirt, am Kaurande sind sie deutlich breiter als am Grunde (welches Merkmal wol nur zu sehen ist, wenn die Mandibeln nicht ganz geschlossen sind). Das erste Geisselglied ist länger als das zweite Glied, aber kürzer als das zweite und dritte zusammen. Die Ocellen fehlen. Das erste Stielchenglied ist wie bei der vorigen Art.

3. Sima angustata n. sp.
Fig. 106.

Operaria: Long. corp. 4—4.5 mm. Disperse microscopice pubescens, vix pilosa; caput thorax et petiolus subtilissime fere disperse punctulata, abdomen densius punctulatum; mandibulae disperse punctatae ad basim paulo latiores quam ad apicem, marginibus antico et postico subparallelis; funiculi articulus basalis fere duplo longior quam crassior, paulo longior articulis secundo et tertio ad unum; ocelli nulli.

In der phys.-ökon. Ges. 1 Stück (Nr. 319), in Coll. Berendt 2 Stücke.

Diese Art ist mit der vorhergehenden sehr nahe verwandt und unterscheidet sich von dieser durch die Oberkiefer, welche am Kaurande etwas schmäler sind als an der Basis, durch das erste Geisselglied, welches etwas länger ist als die zwei nächstfolgenden zusammen, ferner durch die viel weniger dichte, fast zerstreute, feine Punktirung, die auch am Metanotum so zerstreut ist, durch die viel spärlichere Pubescenz und höchst wahrscheinlich auch durch das erste Stielchenglied, welches, von oben gesehen, mehr kugelig erscheint und vorne kurz gestielt ist.

I. Tafel.

Figur 1. Camponotus Mengei ♀, Kopf ⎱ a. Oberkiefer, b. Oberlippe, c. Clypeus, d. Stirnleiste
„ 2. Lasius Schiefferdeckeri „ „ ⎰ e. Fühlerschaft, f. Geissel, g. Schildgrube, h. Fühlergrube,
„ 3. Hypoclinea Goepperti „ „ ⎰ i. Stirnfeld, j. Stirn, k. Stirnrinne, l. Scheitel, m. Netz-
   ⎱ auge, n. Ocelle.
„ 4. „ „ „ „ Oberkiefer, a. Vorderrand, b. Kaurand, c. Hinterrand.
„ 5. „ „ „ „ Kiefertaster.
„ 6. „ „ „ „ Hinterleib, von der Seite gesehen, 1—5 o Rückenschienen,
      1—5 u Bauchschienen.
„ 7. „ „ „ „ Hinterleibsende, v. unten 3—5 o und 3—5 u wie bei Figur 6.
„ 8. Camponotus Mengei ♀, von der Seite gesehen.
„ 9. „ igneus „ „ „ „
„ 10. „ „ „ „ Fühler.
„ 11. „ „ constrictus ♀, von der Seite; a. Pronotum, b. Mesonotum, c. Metanotum, d. Hüfte,
      e Schenkelring, f. Schenkel, g. Schiene, h. Sporn, i. Tarse.
„ 12. Oecophylla Brischkei ♀, von oben gesehen.
„ 13. „ „ „ Stielchen, v. vorne, h. hinten.
„ 14. Prenolepis Henschei ♀, von oben gesehen.
„ 15 „ „ „ von der Seite.
„ 16. „ „ „ Fühler.
„ 17. „ „ „ ♂, von der Seite.
„ 18. Prenolepis pygmaea ♂, von der Seite.
„ 19. Plagiolepis Klinsmanni ♀, Fühler.
„ 20. „ „ Thorax und Stielchen von der Seite.
„ 21. Plagiolepis singularis ♀, von der Seite.
„ 22. Plagiolepis Kunowi ♀, von oben gesehen.
„ 23. „ „ „ Fühler.
„ 24. Plagiolepis squamifera ♀, Thorax und Stielchen von der Seite.

Mayr Bernstein-Ameisen. Taf. I.

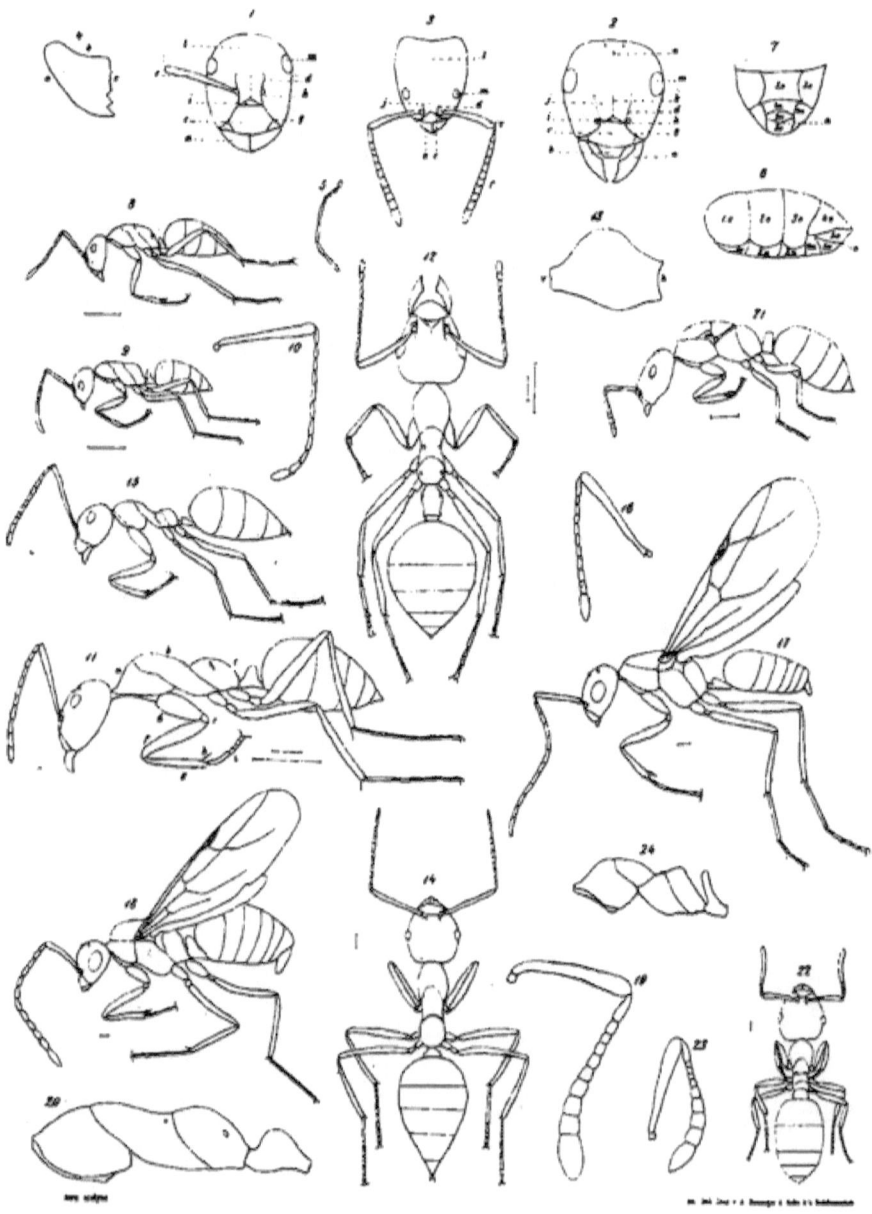

II. Tafel.

Figur 25. Rhopalomyrmex pygmaeus ☿, von der Seite gesehen.
" 26. " " " " Fühler.
" 27. Lasius Schiefferdeckeri ☿, von der Seite.
" 28. " " " Fühler.
" 29. " " ♀, von der Seite.
" 30. " " " Fühler.
" 31. " " ♂, von der Seite.
" 32. " " " Fühler.
" 33. Lasius pumilus ☿, Fühler.
" 34. Lasius punctulatus ♀, Fühler.
" 35. Formica Flori ☿, von der Seite.
" 36. " " ♂, von oben; am Thorax: p. Pronotum, ms. Mesonotum, s. Scutellum, ps. Postscutellum, mt. Metanotum; an den Flügeln: mg. Costa marginalis, s. Costa scapularis, md. C. media, b. C. basalis, c. C. cubitalis, r. C. recurrens, t. C. transversa, p. Pterostigma, e. äusserer Ast und i. innerer Ast der Costa cubitalis; disc. Discoidalzelle, cub. Cubitalzelle, rad. Radialzelle.
" 37. " " " von der Seite; am Thorax: p. Pronotum, ms. Mesonotum, mt. Metanotum; am Hinterleibe; p. Pygidium, h. Hypopygium, v. äussere Genitalklappe.
" 38. Gesomyrmex Hörnesi ☿, von oben.
" 39. " " " Fühler.
" 40. " " ♂, von oben.
" 41. " " " Fühler.

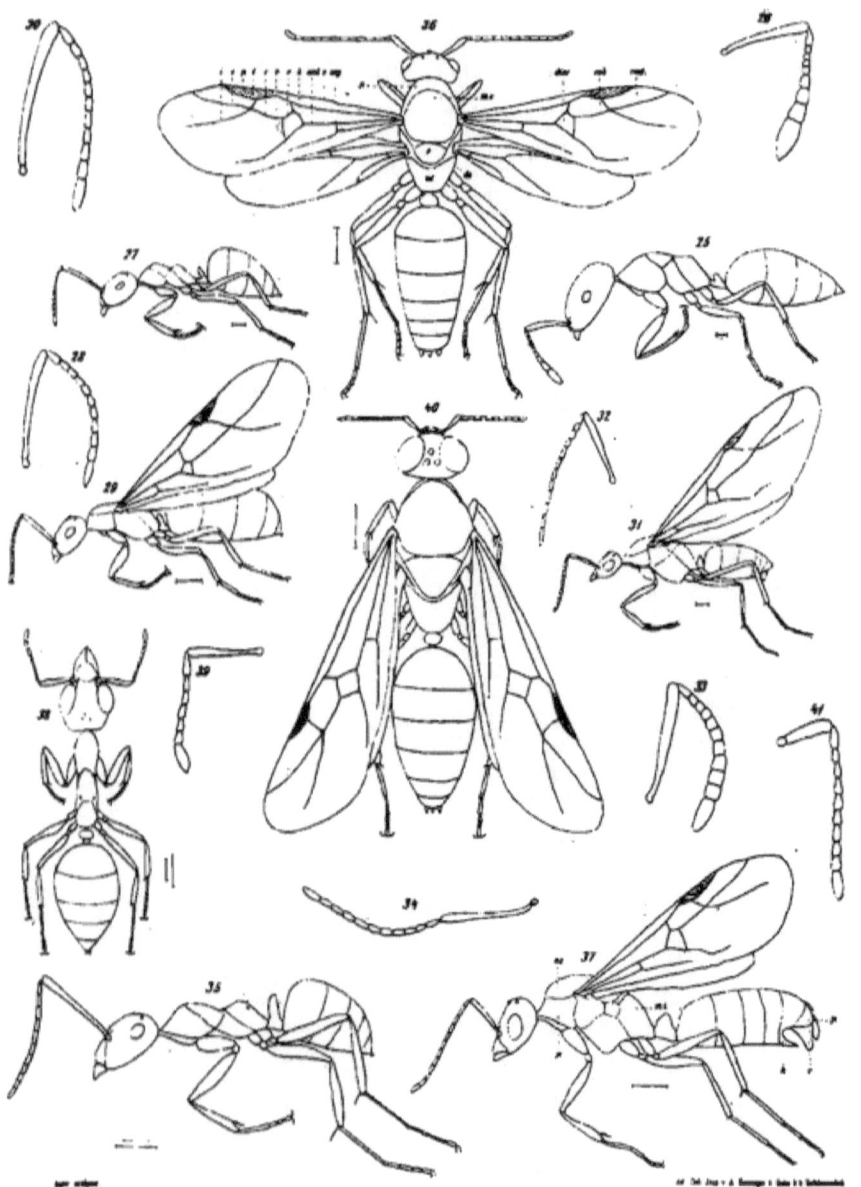

III. Tafel.

Figur 42. Hypoclinea Goepperti ☿, von oben gesehen.
" 43. " " " von der Seite.
" 44. " " " Fühlergeissel.
" 45. " " ♀, von oben, d. Discoidalzelle, cc. Cubitalzellen, r. Radialzelle.
" 46. " " ♂, Kopf.
" 47. Hypoclinea Geinitzi ☿, von der Seite.
" 48. " " " Fühler.
" 49. " " ♂, "
" 50. Hypoclinea constricta ☿, von der Seite.
" 51. " " Zwitter, von der Seite.
" 52. Hypoclinea cornuta ☿, Thorax und Stielchen, von der Seite.
" 53. Hypoclinea sculpturata ☿, von oben.
" 54. " " " von der Seite.
" 55. " " " Fühler.
" 56. Hypoclinea tertiaria ☿, Thorax und Stielchen von der Seite.
" 57. " " " Fühler.
" 58. " " ♀, Thorax und Stielchen, von der Seite.
" 59. " " ♂, von der Seite.
" 60. " " " Fühler.
" 61. Hypoclinea baltica ☿, Thorax und Stielchen von der Seite.
" 62. " " ♀, von oben.
" 63. " " " Fühler.

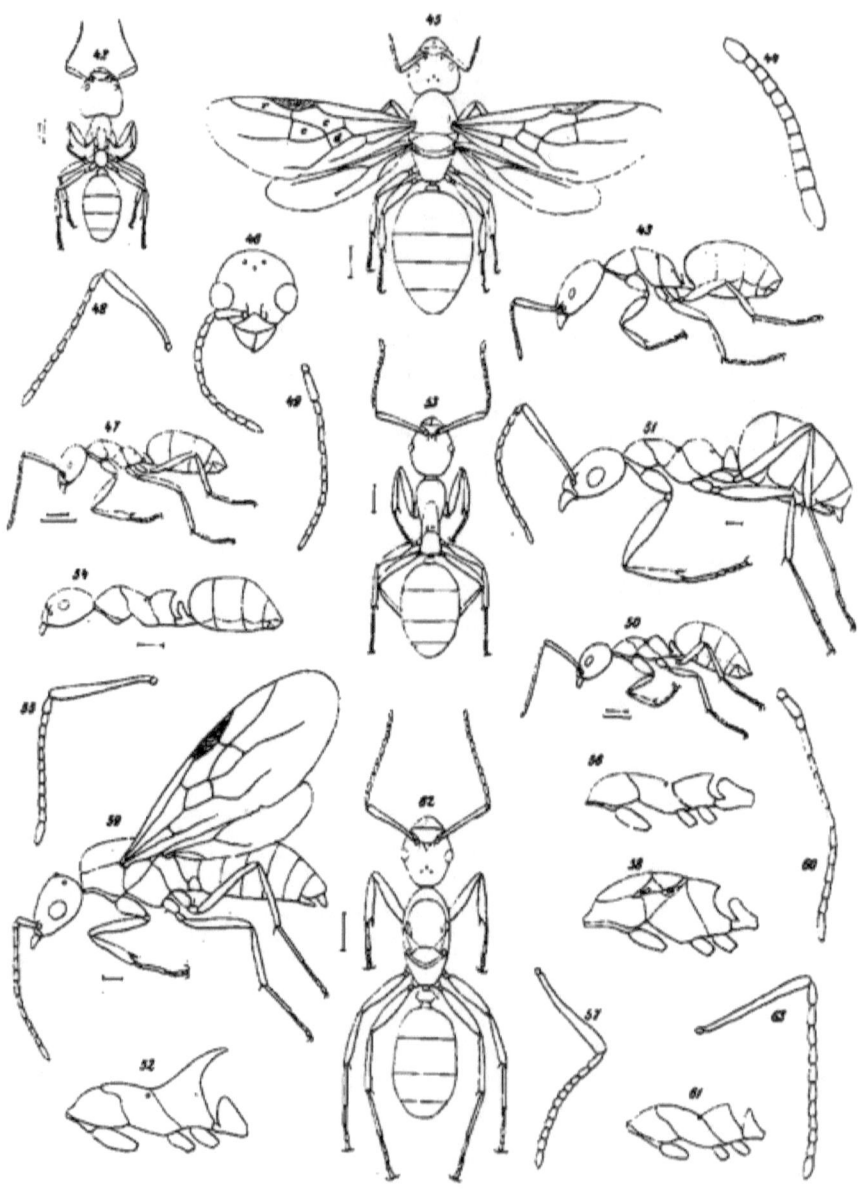

IV. Tafel.

Figur 64. Hypoclinea baltica ♂, von oben gesehen.
,,   65. Hypoclinea longipennis ♂, Fühler.
,,   66. Ponera atavia ♀, von der Seite.
,,   67.   ,,   ,,   ,, Fühler.
,,   68.   ,,   ,,   ♂, von der Seite; p. Pygidium.
,,   69.   ,,   ,,   ,, Fühler.
,,   70. Bradoponera Meieri ☿, von der Seite.
,,   71.   ,,   ,,   ,, Kopf.
,,   72. Ectatomma europaeum ♀, von der Seite.
,,   73.   ,,   ,,   . ,, Fühler.
,,   74. Prionomyrmex longiceps ☿, von oben.
,,   75.   ,,   ,,   ,, Thorax und Stielchen von der Seite.
,,   76. Aphaenogaster Sommerfeldti ☿, von der Seite.
,,   77.   ,,   ,,   ,, Fühler.
,,   78. Aphaenogaster Berendti ♂, von der Seite.
,,   79.   ,,   ,,   ,, Fühler.
,,   80. Macromischa Beyrichi ☿, von oben.
,,   81.   ,,   ,,   ,, Fühler.
,,   82. Macromischa rugosostriata ☿, Thorax von oben.
,,   83. Macromischa petiolata ☿, Thorax und Stielchen von oben.
,,   84.   ,,   ,,   ,,   ,,   ,,   ,, der Seite.
,,   85. Macromischa rudis ☿, von der Seite.
,,   86. Myrmica longispinosa ☿, Thorax von oben.

Mayr Bernstein-Ameisen. Tab. IV.

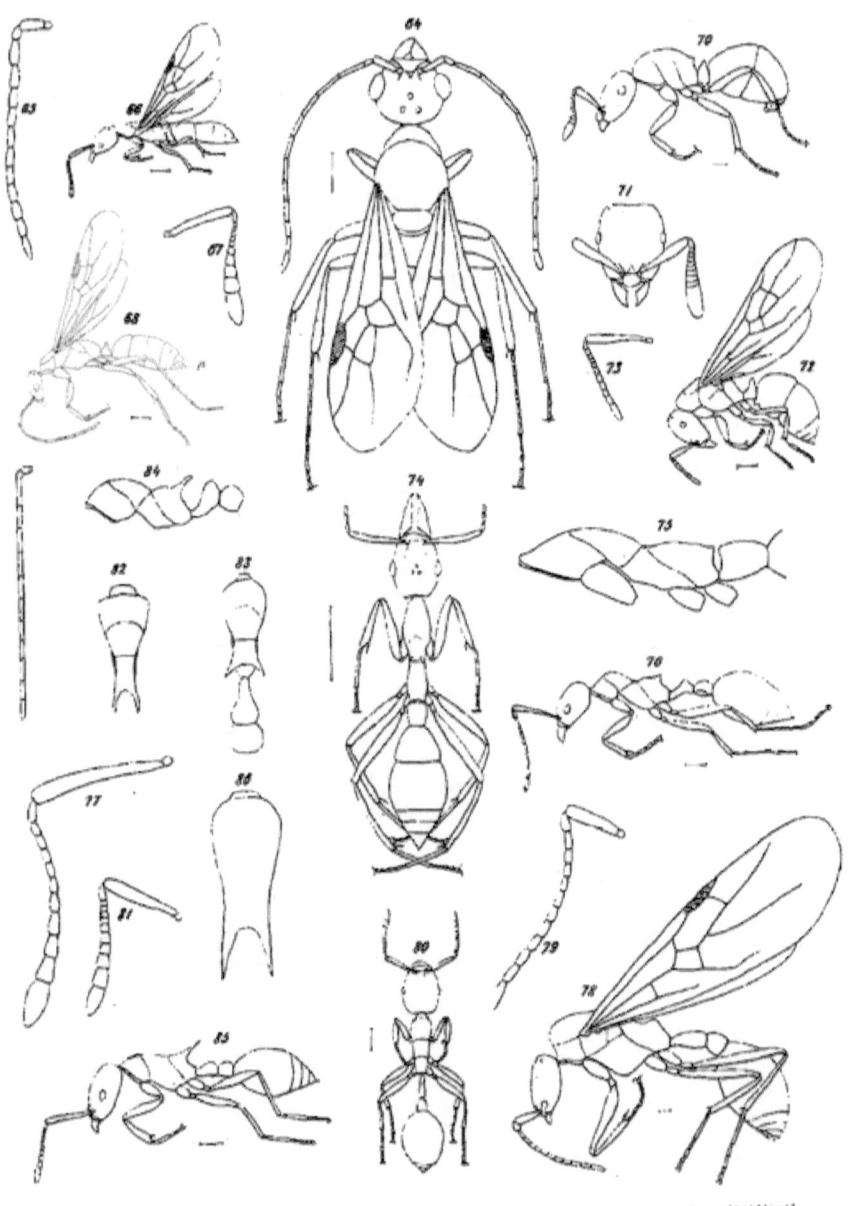

V. Tafel

Figur 87. Myrmica Duisburgi ⚥, von der Seite gesehen.
„ 88. „ „ Kopf.
„ 89. Leptothorax gracilis ⚥, von der Seite.
„ 90. „ „ „ Fühler.
„ 91. „ „ ♂, von der Seite.
„ 92. „ „ „ Kopf.
„ 93. Monomorium pilipes ⚥, von der Seite.
„ 94. „ „ „ Fühler.
„ 95. Pheidologeton antiquus ⚥, von der Seite.
„ 96. „ „ „ Fühler.
„ 97. Lampromyrmex gracillimus ⚥, von oben.
„ 98. „ „ „ Fühler.
„ 99. Stigmomyrmex venustus ⚥, von oben.
„ 100. „ „ „ Fühler.
„ 101. Stigmomyrmex robustus ⚥, von oben.
„ 102. Enneamerus reticulatus ⚥, von der Seite.
„ 103. „ „ „ Fühler.
„ 104. Sima ocellata ⚥, von oben.
„ 105. „ „ „ Fühler.
„ 106. Sima angustata ⚥, Fühler.

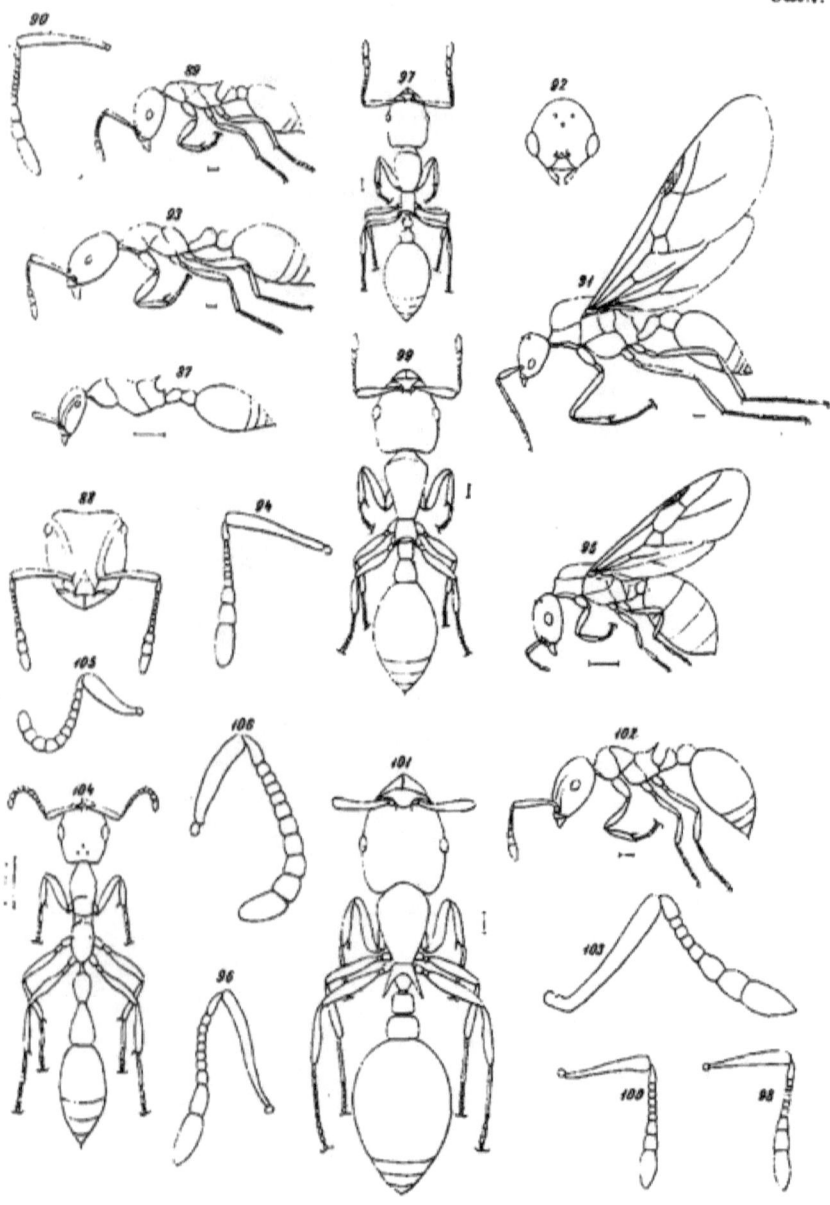

www.ingramcontent.com/pod-product-compliance
Lightning Source LLC
Chambersburg PA
CBHW021943160426
43195CB00011B/1202